Eggs
A Global History
全球蛋史

[英] Diane Toops　著

王鑫源　白　蓉　许晏维　武玉钦

· 主译 ·

袁建敏　张炳坤　全季康

· 审校 ·

中国农业大学出版社

· 北京 ·

内容简介

《全球蛋史》从以下几个方面展开：引言，有什么比鸡蛋还完美，鸡蛋的历史，无蛋不成佳肴，美式烹饪中的鸡蛋，小心轻放（运输鸡蛋的时候），先有鸡还是先有蛋，从一枚鸡蛋孵化世界，食谱。除了作为食材的特殊性及烹饪中的应用，读者可以感受到无所不在的蛋——绘画、建筑、图书印制、制鞋、童话、音乐、影视等；既可以追寻蛋的前世，或者是整个世界的起源，也可以在今天从新的视角重新认识鸡蛋；不仅仅是阅读者了解世界各地的人们对于蛋的看法，关于蛋的风俗；还可以成为实践者，将食谱中心仪的食品变为现实。

图书在版编目（CIP）数据

全球蛋史 /（英）戴安·图普斯（Diane Toops）著；王鑫源等主译．—北京：中国农业大学出版社，2019.5

书名原文：Eggs: A Global History

ISBN 978-7-5655-2208-6

Ⅰ.①全… Ⅱ.①戴…②王… Ⅲ.①鸡蛋—普及读物 Ⅳ.①S879.3-49

中国版本图书馆CIP数据核字（2019）第087322号

书　　名　全球蛋史
　　　　　Eggs: A Global History
作　　者　［英］Diane Toops 著
　　　　　王鑫源　白　蓉　许晏维　武玉钦 主译

策划编辑　梁爱荣　丛晓红　　　　责任编辑　王艳欣
封面设计　郑　川
出版发行　中国农业大学出版社
社　　址　北京市海淀区圆明园西路 2 号　　邮政编码　100193
电　　话　发行部 010-62818525，8625　　读者服务部 010-62732336
　　　　　编辑部 010-62732617，2618　　出　版　部 010-62733440
网　　址　http: // www.caupress.cn　　E-mail　cbsszs@cau.edu.cn
经　　销　新华书店
印　　刷　涿州市星河印刷有限公司
版　　次　2019 年 6 月第 1 版　　2019 年 6 月第 1 次印刷
规　　格　880 × 1 230　　32 开本　　5.75 印张　　125 千字
定　　价　98.00 元

本书简体中文版本翻译自 Diane Toops 所著的“Eggs: A Global History, 2014”。

EGGS: A GLOBAL HISTORY by Diane Toops was first published by Reaktion Books, London 2014.

著作权合同登记图字：01-2019-04015

全球蛋史

Eggs A Global History

译审校人员

主　　译　王鑫源　白　蓉　许晏维　武玉钦

翻译人员　王鑫源　白　蓉　许晏维　武玉钦

陶富平　孔屹桧　赵艺竹　黄铭逸

王乐怡　何帅涵　王浦卉　郭晓瑞

陈　静　张雨晴　刘　璇

审校人员　袁建敏　张炳坤　全季康

本书的出版得到雏鹰俱乐部的特别支持，本书译审校人员均来自雏鹰俱乐部。

雏鹰俱乐部是中国农业大学动物科技学院袁建敏、张炳坤老师于2015年4月17日创建，旨在帮助在校大学生、研究生更好地了解家禽产业，感悟禽业文化，挖掘研究潜能，搭建创新创业平台，实现创新创业。雏鹰俱乐部成立以来，多次组织雏鹰俱乐部成员对北京市现代家禽企业进行参观，为同学提供家禽养殖生产实训，围绕禽肉、蛋生产和文化举办了多次大讲堂，编写了“话说鸡蛋，鸡肉”科普材料，承办了以鸡蛋、鸡肉科普活动为主题的校园禽文化节，帮助师生消除对家禽产业的相关误解。此外，还建立了“禽系天下”“情系绿色”微信公众号，旨在向社会各界普及有关家禽历史、文化，禽肉、蛋生产，加工，食品安全领域相关科普知识，提高社会各界对家禽产业及文化的了解和认识，从而提高生活质量。

致　谢

本书的出版发行特别感谢以下单位的支持

湖北景瑞天恒生物科技有限公司

北京奥特奇生物制品有限公司

北京中农优嘉生物科技有限公司

湖北浩华生物技术有限公司

长沙兴嘉生物工程股份有限公司

杭州康德权饲料有限公司

辽宁禾丰牧业股份有限公司

杜邦中国集团有限公司动物营养与健康事业部

河南艾格多科技有限公司

北京市家禽创新团队

全球蛋史

Eggs A Global History

译者序

全球蛋史作为国际上出版的食品专著系列丛书之一，是一部围绕蛋的专业性很强的著作：内容丰富全面，涉及蛋的历史，包括鸡何时被驯化、中国驯养家禽的历史渊源、现代蛋鸡产业如何发展壮大等；是一部介绍蛋的文化巨著，介绍了世界各地鸡蛋的吃法和习俗，如何用蛋加工成艺术品；又是一部食品和烹调的专著，介绍了鸡蛋的营养功能，国际上对鸡蛋胆固醇产生误解的来龙去脉，以及世界各大名厨如何用鸡和蛋做成人间佳肴的故事和实用食谱。

该书还是一部很好的科普读物，回答了到底是先有鸡还是先有蛋、鸡蛋为什么捏不碎的原因、如何煮鸡蛋等问题。书中介绍的各种创新思维令你脑洞大开。

此外，该书还涉及哲学：认为世界万物起源于一枚蛋，世界上没有比蛋更完美的东西；蛋创造了历史，还可以创造未来。

袁建敏
2019 年 1 月

全球蛋史

Eggs A Global History

献给我的儿子 Phillip 和孙子 Templar Toops

全球蛋史

Eggs A Global History

目 录

引言

谨小慎微

> 没有争论的日子如同未加盐的鸡蛋一样，索然无味。
>
> ——安吉拉·卡特

从远古开始，人类就无比痴迷于蛋的完美对称性、美丽的外观、实用价值以及玄妙的象征意义。它象征着时间的起始、生命的源头，也象征着智慧、力量、活力、繁衍、死亡和耶稣的轮回转世。这些象征意义与“世界和人类诞生于蛋”的创世神话一起，均可由一句拉丁谚语来概括——*omne vivum ec ovo*（万物皆生于蛋）。相传，世界万物起源于一个漂浮在水上的蛋。美国民俗学家卓拉·尼尔·赫斯特（1891—1960）曾经简明扼要地宣称：“我们所处的当下，其实孕育于过去的蛋，因为这蛋壳里包藏着未来。”十八世纪的一幅著名的版画完美地诠释了蛋是万物之源的深刻寓意：画中的炼金术士正在努力思索，如何从蛋状的哲人之石中获取知识与智慧，或获取“创造奇迹的炼金药”，他的举止神态充满了对哲人之石的无比敬畏。尽管他使出浑身解数，用了火和剑，也无法完全消灭哲人之石。它依然能生长和获得新生。

上图为一幅18世纪的版画，刻画了哲人之石，即象征万物之源的蛋。

大厨司马丁·杨说：“对于中国人来说，鸡蛋不仅仅是一种用途广泛的食材。”

> 鸡蛋是重要的文化象征，不仅代表着生命周期的起点，还体现了阴（鸡蛋白，代表着光明、雄性力量和天）和阳（鸡蛋黄，代表着黑暗、雌性力量和地）在一个圆（鸡蛋壳，代表着宇宙万象）内的互相依存。这种阴阳的结合使鸡蛋具备了仁、义、礼、智、信的本质，是所谓“五德之食材”。[1]①

然而，吸引我们的除了鸡蛋与世界之间的关系，还包括它在烹饪中展现出的不可思议的特性。食品科学家哈罗德·麦基这样写道：“一开始只是润滑的、流动的液体，仅仅通过

① 译者注：此段中关于阴和阳的说法原文如此。

加热处理就发生变戏法一样的变化：那些液体迅速变硬，变成可以用刀切开的固体”“没有任何一种食材能像鸡蛋一样发生如此容易而剧烈的转变”。[2]

对于有些人来说，鸡蛋就是鸡蛋，是一种纯天然、美味、廉价、蛋白质丰富的食物。它能单独食用或作为食谱中的原料，是冰箱中很常见的食物。毫无疑问，鸡蛋是厨房中最有价值的食物，即使烹饪条件很差，鸡蛋也能为家庭提供早、中、晚餐所需的营养，或是作为零食食用。94% 的美国家庭会使用鸡蛋，平均每月用 33 个鸡蛋，即每年每户消耗 396 个鸡蛋。根据 2011 年英敏特①调查，白壳蛋最受欢迎（88% 的受访者喜爱白壳蛋），27% 的人喜欢褐壳蛋；② 27% 的受访者把有机鸡蛋作为第一选择，也有 14% 的人偏爱土鸡蛋（又称柴鸡蛋）。但是 30% 的人因为担心胆固醇升高，吃鸡蛋的量比以前少了，57% 的人不相信有机鸡蛋比普通鸡蛋更健康。

本尼迪克特蛋：水煮鸡蛋加上荷兰蛋黄酱。

---

① 市场研究咨询公司。

② 数据原文如此。

鸡蛋应得到认可

在过去的几十年里，有很多关于鸡蛋的负面报道，过量食用鸡蛋会有损健康的说法备受热议。1977 年美国参议院营养需求特别委员会发布的《美国膳食目标》最终版本一经出版就引起了激烈的讨论，它指出鸡蛋等食物富含饱和脂肪和胆固醇，建议美国人将鸡蛋的摄入量降低 50%，以避免胆固醇升高和增加心脏病发生的风险。但美国医学协会反对该报道，认为这一说法缺乏足够的证据。

注意到了政府的警告后，消费者开始对胆固醇的摄入量格外小心。他们通过少吃鸡蛋，少买鸡蛋来减少胆固醇摄入。然而，鸡蛋中只有蛋黄含有胆固醇（当时数据为 213 毫克）。所以，食品制造商只好通过尝试生产无胆固醇鸡蛋来促进消费者购买。可以炒或用于烘烤的蛋清制品被开发出来。这种蛋清制品是天然的蛋清和人造蛋黄的混合物，蛋黄用植物油、固体乳和增加稠度的树胶，以及色素、香料、维生素和矿物质等配制而成。然而，经过长期的科学研究，越来越多的试验结果证明，以往科学家对于鸡蛋的看法是错误的。事实上，鸡蛋中的营养物质可以降低心脏病、骨质疏松、痴呆症的发病率等，减小阿尔茨海默氏症等慢性病相关的炎症反应的风险。饱和脂肪的问题相对于胆固醇的问题更加突出。然而，即使是一个大鸡蛋含有的饱和脂肪的数量也相当少，仅 1.5 克。经过 40 多年的研究，鸡蛋终于重新被世人认可。耶鲁大学预防研究中心的主任大卫·卡茨博士说：“我一直怀疑把鸡蛋从日常饮食中去掉会造成相反的效果。在关于鸡蛋摄入的研究中，我们发现鸡蛋不会对人体造成什么不利影响，即使是血液中胆固醇含量较高的人。”

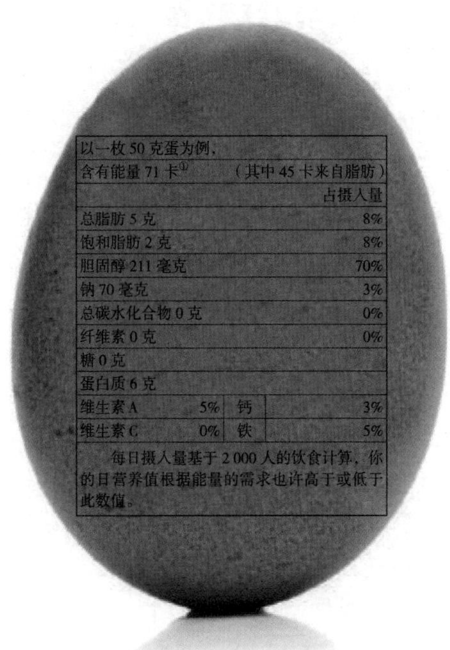

以一枚 50 克蛋为例，			
含有能量 71 卡[①]（其中 45 卡来自脂肪）			
			占摄入量
总脂肪 5 克			8%
饱和脂肪 2 克			8%
胆固醇 211 毫克			70%
钠 70 毫克			3%
总碳水化合物 0 克			0%
纤维素 0 克			0%
糖 0 克			
蛋白质 6 克			
维生素 A	5%	钙	3%
维生素 C	0%	铁	5%
每日摄入量基于 2 000 人的饮食计算，你的日营养值根据能量的需求也许高于或低于此数值。			

鸡蛋的营养成分含量

根据法律要求：如果有必要，美国农业部（U.S. Department of Agriculture, USDA）、美国卫生和公共服务部（U.S. Department of Health and Human Services, HHS）应每五年对《美国膳食指南》进行审查和更新。[4] 根据膳食指南咨询委员会的报告和公众意见，2010 年的膳食指南建议美国人应摄入不同来源的蛋白质食品，如海鲜、瘦肉、禽肉、豆类、豆制品、无盐坚

① 1 卡 =4.186 8 焦。

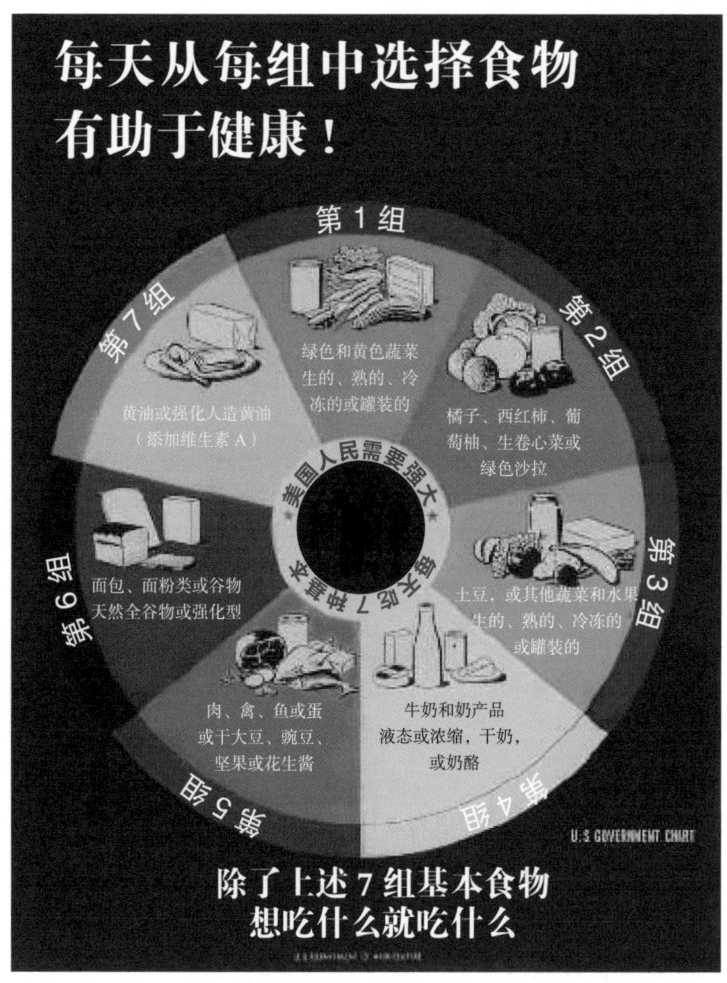

20世纪40年代美国农业部的海报。

果和鸡蛋。美国农业部最新数据显示，与 2002 年相比鸡蛋中胆固醇含量已经显著地降低了，这是由于对家禽饲料营养的持续改进。新的饲料营养更加均衡，其中包含玉米、豆粕、棉籽粕、高粱，并添加维生素和矿物质等。据美国农业部统计，一个大鸡蛋，或与之相当的（50 克或 $1\frac{3}{4}$ 盎司[①]）的蛋制品中胆固醇的含量为 185 毫克（较之前降低了 12%），且含有 41 IU 的维生素 D（含量增加了 64%）。[5]

鸡蛋打了一场漂亮的翻身仗，如今大多数营养学家和医生认为：鸡蛋是很好的蛋白质来源，并不会提高血液低密度脂蛋白胆固醇（坏胆固醇）的水平。这一结论重新燃起了消费者对鸡蛋的兴趣，促进了人们对鸡蛋的消费，尤其是对于深受低密度脂蛋白胆固醇和肥胖症之苦的中国人和美国人。尽管迪斯尼电影《美女与野兽》（1991）中的加斯顿这样说道："现在我长大了，我每天吃五打[②]鸡蛋，这让我强壮如牛！"，但新的研究表明，成年人每天吃两个鸡蛋实际上可有效促进减肥。蛋白质让人有饱腹感和满足感，有助于遏制过多进食的欲望。

---

① 1 盎司 =28.35 克。

② 1 打 =12 个。

安全还是道歉

近年来，食品安全问题的背后常常有鸡蛋的影子。召回事件时有发生，但鸡蛋本身没有问题，问题出在鸡蛋的购买或加工环节，这些食品在加工过程中未按照相关程序操作，或人们吃了含生鸡蛋的生饼干面团。无论生鸡蛋多么诱人，我们都应尽量避免生食，因为这样做是很危险的。

2010 年 8 月，发生了食品安全史上最具讽刺性的事件之一，美国参议员因为鸡蛋安全问题颜面尽失。当时，相关部门刚刚颁布实施更为严格的鸡蛋安全法规，艾奥瓦农场就暴发了沙门氏菌（*Salmonella enteritidis*，SE）感染。这一事件导致该农场生产的 5 亿个鸡蛋被紧急召回。在美国，负责管理鸡蛋安全的有两个部门——美国农业部和美国食品与药品管理局（Food and Drug Administration，FDA）。20 年来他们的斗争产生了一系列消极的影响。新的蛋鸡和鸡蛋的沙门氏菌检测手段无法推广，鸡舍环境卫生条件和冷藏条件无法得到改善。美国农业部主要负责活鸡和禽蛋加工厂（禽蛋在此被打碎、灭菌）的工作，而美国食品与药品管理局管理鲜蛋从禽蛋加工厂生产出来的蛋制品。

2010 年的新规定主要是针对鸡蛋生产者制定的，目标是将与鸡蛋相关的沙门氏菌事件减少 60%，但同时还需要通过一项修正案，赋予监管机构对食品制造商更大的监督权来完善食品安全体系中不健全的地方。鸡蛋召回事件促进了新法案的通过，2011 年 1 月 4 日，巴拉克 · 奥巴马总统签署的 FDA 食品安全现代化法案（Food Safety Modernization Act，FSMA）正式生效。这是 70 年来美国食品安全监管体系最大

篮子里的鸡蛋。

的一次改革，食品安全现代化法案扩大了FDA强制召回的权利，加强了对食品加工厂家的监管，并为生产者制定了更严格的安全标准。

2010年圣诞节前夕，欧洲也出现了鸡蛋安全问题。该年早些时候，用于生产生物燃料的油脂被误运到饲料生产厂家，3 000吨受污染的动物饲料被运往了德国各地近1 000家家禽和猪养殖场。那些受污染的鸡蛋被送到荷兰进行液化和消毒，有14吨液态蛋制品被运往英国，供给各种零售商制作保质期较短的烘焙食品。食品标准局宣称，由于产品被及时召回，灾难得以避免，虽然德国受污染的鸡蛋与荷兰未受污染的鸡蛋混合过，但在被运往英国前，二噁英已经被稀释，降低了危险系数。

最近，美国鸡蛋生产者面临的挑战是动物福利。麦当劳公司进行了为期三年的商业研究，比较了传统散养和集约化笼养。他们每个月都在美国购入100万个散养鸡鸡蛋，但实际上大多数鸡蛋来自笼养母鸡。2011年11月，动物权利保护者公布了一些此前未曾公开的视频。视频中显示在所谓的散养鸡场中，有一些母鸡和小鸡受到饲养者虐待，它们挤在铁笼里，环境脏乱。因此，麦当劳公司和之后的塔吉特公司（Target Corp）终止了与美国主要鸡蛋供应商以及多家超市供应商的合作。

食物之外的作用

除了作为食物，鸡蛋也间接地起到了拯救生命的作用。小型孵化器为人类保温箱（可为早产儿营造可控制温度、湿度和通风的舒适环境）和微生物培养箱的发明创造带来了启发。几个世纪以来，中国、印度、东欧将蛋作为保健品的制作原料。如今，科学家们将溶菌酶（蛋清中的一种蛋白）用作食物防腐剂和医药产品中的抗菌药物。不仅如此，蛋清中的生物素和抗生物素蛋白对于医疗诊断程序也十分有用，例如它们可被用于免疫测定、组织病理学和基因探针中。鸡蛋中含有的唾液酸能够抑制胃部感染。鸡蛋里还含有脂质体和脂肪滴，被用作研究控制药物递送机制的模型。卵黄抗体是蛋黄中一种较为简单的蛋白质，可作为人的轮状病毒（human rotavirus，HRV）抗体。除此之外，卵黄高磷蛋白（蛋黄中存在的一种磷蛋白），在食品中具有抗氧化功能。在蛋黄中还存在一种B族维生素——胆碱（在蛋黄中与卵磷脂结合在一起）在大脑发育中起到非常重要的作用，这一物质还能被用于治疗某些肝功能障碍。卵磷脂是卵黄中的一种磷脂，有着高含量的磷脂酰胆碱和脂肪酸，如花生四烯酸（arachidonic acid，AA）和二十二碳六烯酸（docosahexaenoic acid，DHA）。这些脂肪酸能够提高婴儿的视力。鸡蛋卵磷脂有乳化和抗氧化性能，它能有效保持油和醋在蛋黄酱中悬浮的状态，这种特性也同样被应用于医药中。关于壳膜蛋白用于促进重度烧伤患者皮肤成纤维细胞（结缔组织细胞）生长的功能也在研究中。

在日本，壳膜蛋白被应用于美容产品，[6]许多爱美之人认为鸡蛋能够改善容貌。将打匀的蛋清作为面膜使用能够让皮肤暂时看起来更光滑。这主要是因为蛋清中的蛋白变干时会收缩，对于皮肤表层的细胞有拉提作用。鸡蛋也被用于洗发水中，生鸡蛋中的蛋白质可以填充发丝的空隙和裂痕，从而让你的头发看起来更光亮顺滑。

更有意义的是，1931 年，纳什维尔范德堡大学的病理学家欧内斯特·古德帕斯彻（Ernest Goodpasture）博士曾用鸡蛋繁殖出大量可以致病的纯病毒（没有被细菌污染）。在此之前，科学家们一直不能得到足够的纯病毒用于实验，因为不像细菌，病毒的繁殖需要活组织，它们在人工培养基中无法复制。古德帕斯彻博士与同事伍德拉夫博士（Alice Miles Woodruff）偶然发现了一种在发育的鸡胚中培养禽痘病毒的方法：鸡蛋相当于一个无菌封闭的自然培养箱。古德帕斯彻博士买了一个孵化器和几打鸡胚后便开始了试验。他用牙医的电钻切下一片蛋壳，并将传染性病毒接种在了薄膜里，然后将熔化的石蜡和玻璃覆盖在蛋壳缺失处，像在鸡蛋上开了一扇小窗，通过这个微小的窗口观察研究。结果发现禽痘病毒在鸡蛋中生长旺盛。接下来的试验显示，用一个鸡蛋培养出的天花疫苗可以让 1 000 个孩子脱离生命危险。目前世界上绝大多数的 H1N1 疫苗源自瓦尔哈拉的纽约医学院，他们在 2009 年利用 30 个鸡蛋成功发明了该疫苗，这些都多亏了古德帕斯彻博士的疫苗培育技术。尽管这个培养疫苗的技术看起来有些古怪，但它比很多更新的技术都实用。正如微生物学家桃瑞丝·布彻（Doris Butcher）所说，“病毒更喜欢在鸡蛋中生长”。

但是不幸的是，一些孩子和成年人却对蛋清有严重的、甚至危及生命的过敏性反应。因此他们不能注射常规的流感疫苗。迪肯大学研究人员和英联邦科学与工业研究组织（Commonwealth Scientific and Industrial Research Organization, CSIRO）、澳大利亚在季隆的国家科研机构和家禽合作研究中心等合作，目标是产出无过敏原的鸡蛋，用于食品和常见的疫苗培养基（如流感疫苗），已经在 2012 年 3 月取得了这方面研究的突破。研究发现，蛋清中共有 40 种蛋白质，其中有 4 种为主要的过敏原。这项研究将会系统地关闭这 4 个过敏原的合成，从而生产出无过敏性的鸡蛋，以便能够孵化出可产无过敏原鸡蛋的鸡。预计这项研究将在未来 3 年内完成，无过敏性疫苗可能也将在 5 年内生产出来，从而使无过敏原的鸡蛋在 5~10 年内走向市场。

1

有什么比鸡蛋还完美？

亲爱的朋友，请相信，如果你知道如何从付出中收获快乐，那么你从母鸡那获得的是无价之宝，它远非炼金术士从炼金术中得到的东西所能比。

——帕如登特·李·乔伊舍拉特，1612 年

1751 年发行的《百科全书》以囊括当时所有的知识为目标，堪称 18 世纪最宏伟的出版工程。根据这本书的记载，鸡蛋不仅有益健康、富有营养，甚至有壮阳功效。食用蛋黄能增加精子数量并有助于提高性欲。[1] 当时许多人吹嘘鸡蛋的医药价值，有些偏方这样记载道：一个荷包蛋加上 1 ~ 6 滴肉桂油能起到解乏的功效；蛋黄加热水和糖，睡前服用，可以止咳并治疗胆结石；蛋黄与松脂或其他天然香树脂共服有助于消化。当然，现在看来这些偏方大都经不起推敲。鸡蛋清可用于防止肿胀，也可以用于提纯药物或制作药物凝胶。例如，制作鹿角提取物时就需要用到鸡蛋清。

“蛋清因其所具有的黏性和收敛性而被用作药物。”《百科全书》上如此描述。

珍－西蒙·夏尔丹，专心致志的护士，约1738年。

服用药物时，人们经常把蛋清与亚美尼亚红（Armenic bole）[①]等混合，用于预防受到较强外力作用的部位发生肿胀，并使其纤维恢复弹性。在这一配方中加入其他药物还可以用于促进新鲜创口愈合并防止出血。

蛋清也被用于酒的发酵。除此之外，还被装订工人和镀金工人用在书脊上，使其具有黏性，便于贴金叶，也可使书的封面更有光泽。“镀金工人用非常纤细的海绵把蛋清涂抹于书脊和书其他地方，涂两或三次，蛋清一旦变干就可以贴金了。”《百科全书》解释道。

① 一种红色黏土，因含有氧化铁而呈红色。

> 蛋清可使书的封面富有光泽。当书彻底完工后，会有人用细海绵蘸一点蛋清液轻轻擦拭整个封面，等蛋清干了之后，再用铁质抛光器打理一遍。[2]

皮革厂的工人在用赭红颜料给精品女鞋的高跟染色前（这在当时是一种时尚），也会将它们先浸泡在蛋清中。

形状简单而又不失雅致，这样的蛋中孕育着无限的可能。无论是矮脚鸡、鸡、鸭、鸥、鹅、珍珠鸡、鸵鸟、山鹑、雉、鹌鹑还是龟的蛋都是椭圆形的（或是卵形的），通常一端比另一端要大。鸟蛋中唯一例外的就是信天翁的浑圆形的蛋，或许是因为这奇怪的形状，信天翁的蛋是唯一被认为与霉运有关的蛋。追溯到印欧语系的词根 *cheekale*（意思是下蛋的），单词 egg 源自古英语 *oeg*。中世纪英语中，蛋称为“*ey*”，但到了 14 世纪，“egg”一词从古斯堪的那维亚语中被借用过来，从此成为通俗的说法。“yolk”（蛋黄）源于古英语中“yellow”（黄色）一词，在印欧语系中意为“闪烁”或“闪耀”。[3]

“打鸣的不一定是公鸡，但下蛋的一定是母鸡。”英国第一位女首相玛格丽特·撒切尔（1925—2013）曾说过这样一句话。没有哪种动物在繁育后代方面比母鸡更加努力且高效。每个鸡蛋的重量约占母鸡体重的 3%。一只母鸡一生中所产下鸡蛋的总重量与自身体重的比例，要比人类多 100 倍。这意味着在每年产蛋期间，她会将自身体重八倍的物质以及每天摄入能量的四分之一转换到鸡蛋中，这是一份不求回报的工作。一只母鸡生产出一枚完整的蛋大概要花费 24~26 小时，产完蛋后它需要休息调整 30 分钟之后准备生下一个蛋，如此

不同类型的蛋，颜色、形状和大小各异，令人惊叹。

往复。通常一只母鸡会下 12 个蛋（叫作一窝），每次下蛋一般在上午七点到十一点间。如果鸡蛋没有被捡走的话，下了一窝蛋后母鸡可能会停止下蛋转而开始孵蛋。

1859 年在英国出版的《比顿太太的家庭管理指南》一书中指出："就其体积而言，鸡蛋含有比其他任何食物都多的营养成分。"作者关于挑选鸡蛋的建议是："舌头触碰到蛋的大头端，如果感觉是暖的，就是新鲜的，甚至可能是刚下出的新鲜蛋。"[4] 幸运的是，今天我们有一更容易的方法来判断鸡蛋的新鲜程度：把鸡蛋放入一碗水中，如果鸡蛋是新鲜的，它会沉在水中，而如果是放久了的，它就会漂浮起来。因为随着鸡蛋的存放时间延长，空气通过蛋壳被吸收，而水分和二氧化碳会通过气孔发散出去，从而使鸡蛋变轻。

蛋在生物学上作为雌性生物生产的繁殖个体，是生命的延续，建立起了世代之间亲缘关系的桥梁。含有球状卵黄的卵细胞受精后在下行通过输卵管时被蛋清（蛋清起保护胎儿，向蛋黄提供水和蛋白质的作用）和蛋壳包裹，形成一个完整的蛋。蛋壳（约占总重量的12%）的主要成分是碳酸钙（确切地说是一种纤维增强型碳酸钙）。在一个鸡蛋中，蛋清约占58%，蛋黄约占30%。由蛋白形成的绳状系带即卵黄系带将卵黄固定在蛋的中间位置。蛋的圆头一端是一个充满空气的保护袋，称为空气池或气室。虽然蛋壳看起来平滑，实际上含有许多微小的孔（多达17 000个），以允许空气进入及水分和二氧化碳的排出。刚产下的鸡蛋是温暖的（40℃/105°F）①，当鸡蛋冷却时，液体内容物收缩，鸡蛋较大一端（大头）内外壳膜分离。

虽然看起来很脆弱，但椭圆的外形给予了蛋强大的力量，使它的拱形表面能够承受巨大的压力而不裂开。为了测定将一枚蛋压碎所需的重量，科学家们做了一些试验。试验结果表明：压碎鸡蛋需要的平均重量约为4.5千克（10磅）②，火鸡蛋需要6千克（13磅），天鹅蛋需要12千克（26磅），鸵鸟蛋最为坚韧，甚至需要54千克（120磅）。[5] 有趣的是，你不能用手握的方式捏碎一颗蛋，因为蛋类似于三维拱形，这是最坚固的建筑形式之一。当你用手握住鸡蛋时，壳体的弯曲形式将压力均匀分布在壳体上，而不是将其集中在任何一个点上。[6]

① 华氏度＝摄氏度×1.8+32。

② 1磅=16盎司=0.453 6千克。

《科学美国人》杂志的数学与科学专栏作者马丁·加德纳（Martin Gardner）（1914—2010）写道："蛋是一种具有美丽几何表面的小巧物体。"

> 它是宇宙中所有规律的缩影。同时，它也是一个比白色卵石更加复杂而神秘的东西。它是一个奇怪的无盖盒子，拥有生命本身的秘密。

蛋已被描述为世界上最好的包装设计之一。令人惊讶的是，蛋壳足够坚硬从而能在炎热和干燥的环境中保护胚胎。中东古代牧羊人发现，如果他们把一个生蛋放在一个投石带上旋转，快速运动中产生的热量可以使蛋熟透。

这些美味的"蛋口袋"不用很小心地保护就可以保存几个星期。它们具有天然的抗菌功能，能够安全地供人食用。而且，它们还便于携带，足够让人们在旅行和冒险中维持生计。

这样用手捏，你很难把一个鸡蛋捏碎。

母鸡的下蛋生涯中，每 530 个鸡蛋中才会偶然出现一个双黄蛋。三黄蛋出现的概率更小，只在每 5 000 个鸡蛋中出现一个。年轻的母鸡几乎不生产没有蛋黄的鸡蛋。许多人认为没有蛋黄的蛋是不吉利的。如果这件事真的发生了，我们也不能肯定母鸡是否会为此感到失落。2008 年，日本南四日市中学的学生养的一只鸡下了一个大鸡蛋（8.1 厘米 / $3\frac{1}{4}$英寸①；158 克 /5 $\frac{1}{2}$盎司）。这件事受到了很多关注，学校决定把它拿出来展示。老师们注意到蛋上有一个小裂缝，所以他们把蛋壳剥了下来，结果他们发现里面还有一个完美的、中等大小的蛋。一年后，英国赫里福德郡罗斯 - 怀恩（Ros-on-Wye）的杰夫 · 泰勒（Jeff Taylor）再次注意到了同样古怪的现象：他水煮了一个散养鸡蛋作为他的早餐，在打碎蛋壳后，惊奇地在鸡蛋里发现一个较小的完整鸡蛋。

据联合国报告，全球估计有 190 亿只鸡，巴林人均鸡数最多，达 40 只。全球共有近 200 个品种，蛋鸡平均每年产蛋 270 个，几乎平均每天一个，重约 50 克（2 盎司）。根据吉尼斯世界纪录，世界上最大且最重的鸡蛋是由一只白俄罗斯母鸡下的，重达 146 克（5 盎司）。相比之下，矮小鸡下的蛋是正常鸡蛋的一半大小，而小于一周岁的小母鸡下的鸡蛋比小个头鸡蛋还要小。

巧合的是，世界各地的厨师都选择忽视同一个谜语："厨师什么时候残酷？""当他们打鸡蛋和奶油时。"但《新科学家》杂志提出了另一个令读者烦恼的问题："如果我们给出蛋的重量和初始温度，是否有一个公式可以计算出煮

① 1 英寸 =2.54 厘米。

出一个溏心蛋所需要的时间？”埃克塞特大学物理学院的威廉姆斯教授（C.D.H.Williams）给出了一个解决这个问题的公式。[7]

时间决定一切。鸡蛋煮得太久，温度太高，或烹饪水中含有过量的铁（蛋黄中的硫会与铁发生反应）会导致蛋黄周围呈绿色；如果在金属锅中炒太久，鸡蛋也会变绿。在这两种情况下，鸡蛋仍然可以吃，且味道不受影响。当然，如果煮出来的鸡蛋不是你所希望的，你也没必要去担心。物理化学家和分子美食学家艾维·提斯说，你可以用硼氢化钠让一个煮熟的鸡蛋变生，因为它可以打开蒸煮产生的二硫键。[8] 当一个蛋被煮熟时，蛋白质分子自我展开，相互连接并吸附水分子。要想使鸡蛋变回“未煮过”的状态，你需要使蛋白质分子彼此分开。加入硼氢化钠后鸡蛋会在 3 小时内变成液体。对于那些想在家里尝试一下的人来说，维生素 C 也有同样的效果。

对于大多数专业厨师而言，单手将鸡蛋打入碗里只是一件熟能生巧的事情而已。美国电视节目“*Glutton for Punishment*”的主持人布鲁默（Bob Blumer）在“美食网络”上用一只手在 1 小时内打破最多的鸡蛋，创造了世界纪录。为了打破他的纪录，你必须打破 2 071 个鸡蛋。虽然他打破了 2 318 个鸡蛋，但有 248 个是不合格的，因为那几个蛋里有破碎的蛋壳。当在食谱中使用鸡蛋时，把它们打到一个分离器里，这样有蛋壳碎片落入时，可以将其取出。

威廉姆斯教授的溏心蛋公式

推　导

为了得到一个简单的公式，必须在某种程度上使问题理想化。所以，蛋将被视作一个均质球体，质量为 M，初始温度为 T_{egg}。如果将鸡蛋直接放入一锅温度为 T_{water} 的开水中，当蛋黄边界的温度 T_{yolk} 上升到约 63℃时就可以得到溏心蛋。有了这些假设，通过热扩散方程式求解可以推导出来将鸡蛋煮成溏心的烹饪时间 t。

结　论

完整的推导是相当复杂的，但最终结果是相对简单的：

$$t = \frac{M^{\frac{2}{3}} c \rho^{\frac{1}{3}}}{K\pi^2 (4\pi/3)^{\frac{2}{3}}} \log_e \left[\frac{0.76 \times (T_{egg} - T_{water})}{(T_{yolk} - T_{water})} \right]$$

其中 ρ 是密度，c 是比热，K 为蛋的热导率。

依据这个公式，直接从冰箱中（T_{egg}=4℃）拿出的鸡蛋（M 约为 57 克）需要四分半将其煮好。如果它是在室温（T_{egg}=21℃）下放置的，将花费三分半的时间。如果都是放在冰箱中的蛋，小一些的蛋（6 号规格蛋，47 克）需要四分钟，而大的蛋（2 号规格蛋，67 克）则需要五分钟。

可食用的蛋种类

除了鸡蛋，还有很多的蛋品种成了受欢迎的食物。在中国颇受喜爱的鸭蛋，色白，富含脂肪，吃起来有油味，可以按鸡蛋的烹饪方法烹饪，也可以用来烘烤。煮熟后，蛋白会变成近蓝色，而蛋黄则呈橘红色。

鹅蛋的壳是白色的，比鸡蛋大 4 或 5 倍，吃起来也有油味，较香，它们比浅褐色或象牙色的孔雀蛋（peacock egg）大，孔雀蛋大约是鸡蛋的三倍大小。不过实际上，雄孔雀（peacock）不产蛋，雌孔雀的英文是 peahen。火鸡蛋的壳是奶油色的，带有棕色的斑点，大小是鸡蛋的两倍，尝起来口感与鸡蛋相似，所以经常被用作鸡蛋的替代品。鸵鸟蛋具有斑点和光泽，大小是鸡蛋的二十倍，对于大胃口的人来说是极好的食物——如果它还没有被放在太阳下烘烤的话。

较小的是珍珠鸡的蛋，它有棕色斑点，并且比鸡蛋更美味，通常做法是腌制后煮熟，放于沙拉或肉冻中。鹌鹑蛋是白色、浅黄色或橄榄色的，部分鹌鹑蛋上会有褐色或黑色的斑点，这些斑点有抵御天敌的功能。鹌鹑蛋只有一个鸡蛋的 1/3 大小，可直接煮食，也可以做成肉冻。还有一种浅玫瑰色的野鸡蛋，与鹌鹑蛋大小相似，也可以用多种方法进行烹煮。

不过，最独具一格且珍贵的蛋来自中国。咸鸭蛋是用盐水浸泡鸭蛋或用盐泥包裹鸭蛋制成的中国腌制食品。在亚洲超市里，这些蛋在出售时通常包有厚厚的一层盐泥或采用真空包装。真空包装的咸鸭蛋通常没有这层盐泥。经过腌制工如果胃口大的话,可以吃鸵鸟蛋,它的大小是鸡蛋的20倍。

艺,鸭蛋带有了咸香味,蛋清很软,尝起来十分咸;蛋黄呈光亮的橙红色,带着浓郁的油味,不过咸味稍弱一些。通常带壳煮或蒸后的咸鸭蛋可作为喝粥时的小菜,或作为佐料与其他食物一起烹调。咸鸭蛋的蛋黄是很珍贵的,常常被用在月饼(中国庆祝中秋节的食物)中。还有一种蛋叫“茶叶蛋”,街头小贩常常贩卖,它通常是人们在观赏戏剧换场时的零食。鸡蛋在带有香料的茶水中浸泡和煮沸后会出现像大理石一样美丽的外观。中国长期贮存的鸭蛋有很多名字,如松花蛋、发酵蛋、古代蛋、世纪蛋、千年老蛋、百年老蛋。在鸭蛋上覆盖一层石灰、草木灰、盐和稻草混合而成的糊,并埋在浅洞中长达100天(当然不是1 000年)就可以制成松花蛋了。石灰会将蛋石化,所以它们看起来“很老”,蛋黄颜色从琥珀色转变为黑色,最终成了黑绿色。人们一般佐以酱油和姜末生吃它。

在世界上所有可食用的蛋中,最昂贵、最奢侈、最任性的就是鱼的卵(蛋)了。它包含了一个细胞生长为幼体所需的所有营养,而且是一种比鱼本身更浓缩的营养品。鱼卵的

中国的茶叶蛋，是中国新年的一道美食。在年夜饭中鸡蛋象征着金块（财富）。为了得到表面错综复杂的大理石纹效果，请务必用力拍碎蛋壳，以便酱油或者茶汁能渗入其中。浸泡茶叶蛋的时间越长，表面的图案纹路越深。

内蛋黄被富含蛋白质的流体、脂溶性类胡萝卜素、结构氨基酸和核酸所包围。鱼子由聚集在稀蛋白溶液内的鱼卵组成，这些卵由薄而脆的膜包裹。

鲟鱼子酱，由鲟鱼子盐渍而成。人类已经侵占了它们的原产地——里海，而且鲟鱼们被列入世界野生动物基金会濒危物种名录，但这些都无法阻止人们对鲟鱼子酱的“热爱”。“鲟鱼子酱”（caviar）这个词来源于波斯语“*khavyar*”，由“*khayah*”变来，意为卵。虽然西欧人和美国人用“caviar”（在16世纪被引入英语）这个词，但俄罗斯人并不用。他们更爱称所有的鱼子为 *ikroj*（读作 EEK-ruh，“r”发卷舌音，日本人将其改编为 *ikura*）。如今，白鲟和铲鲟在西北太平洋、加利福尼亚州和美国南部的淡水湖或池塘中均有饲养。由于加强了环境保护意识，采取了可持续发展措施，美国成为世界上生产鱼子酱的主要国家。其他鱼子来自弓鳍鱼、鲤鱼、大西洋鳕、青鳕、飞鱼、鲻鱼、欧洲鳕、鲱鱼、龙虾（卵被认为像珊瑚）、圆鳍鱼、匙吻鲟、三文鱼、西鲱、胡瓜鱼、鳟鱼、金枪鱼和白鲑鱼。事实上，大多数鱼子是可食用的，但是有一些品种，如大鳞魣、河豚和鲀科的卵是有毒的。鱼子的做法很多，可炒也可清蒸。当然，如果体积中等或者很大，也可以烤。鱼子也可做成调味酱料，或者直接加在食物顶端做点缀。鱼卵也被称为浆果、珍珠和谷物。在鱼子酱行业内，鱼子被盐渍后，便成为鱼子酱。

在拉丁美洲，乌龟蛋可以壮阳的古老信仰支撑着贩卖违禁蛋的黑市蒸蒸日上。由于世界上有七个海龟品种因疾病、鱼网、筑巢地区被扰乱以及蛋被偷猎而濒临灭绝，大多数国家已经禁止人们采集它们的蛋。乌龟在沙滩上的沙子中产蛋，而鸟类、其他捕食者都会猎食它们的蛋。

短吻鳄的蛋［也叫卡津（Cajun）风味青椒酿虾］，有一种独特的温和口感，味道浓郁，这种味道容易被大众所接受。它的软壳是浅黄色的或上面有斑点。另外还有一种著名的可实用的蛋品种可能会激起人们的好奇心。斯坦利·利文斯顿（Stanley Livingston）博士在1858—1864年间到非洲赞比西河考察时，他品尝了鳄鱼蛋并记录道：

> 在口感上它们和鸡蛋味道差不多，有一种蛋奶沙司的口感。如果不是因为鳄鱼吃人的话，白人会比黑人更喜欢它。

十四世纪初的阿拉伯商人讲述了一种巨型鸟的传说，这种鸟可以抓起大象。水手们告诉他们曾在非洲南海岸的一个小岛上捕获过这种鸟，恐怕你认为这是无稽之谈，但是考古学家的确在马达加斯加发现了隆鸟（*Aepyor nis*）（象鸟）存在的证据。那是有史以来最大的鸟，高达 3.5 米（10 英尺[①]），体重约半吨，它的蛋超过八升（14 品脱[②]），是历史记载中最大的蛋。也许隆鸟并不能抓起一头大象，但这种理论因马达加斯加上没有大象而从未被检验。或许是害怕被它那巨型的爪子抓走，阿拉伯人用“走在蛋壳上”来表达小心翼翼。

① 1 英尺 =12 英寸 =0.304 8 米。

② 1 品脱（英）=5.682 6 分升。

2

鸡蛋的历史

> 如果是从天鹅蛋里孵出来的，做一只丑小鸭又有什么关系。
>
> ——汉斯·克里斯蒂安·安徒生

我们的故事要从克鲁马努人在洞穴中画的蛋开始。靠采集和狩猎生活的克鲁马努人，在230 000~35 000年前遍布欧洲以及中东。约在公元前10000年，他们停止了游走并建立了定居点。同时，他们培育了食用作物并驯养动物，以确保不论天气如何都能不间断地获得食物。野禽是能提供肉和蛋的良好资源。如果将蛋从雌性原鸡巢中取出，它们不仅会下更多的蛋，而且产蛋期也会延长，从而增加了鸡蛋的供应量。

我们现在饲养的家鸡起源于公元前7500年以前的南亚和东南亚的多个地方，是从家鸡（*Gallus domesticus*，*gallus*在拉丁语中为冠的意思）这一物种选育而来的。在19世纪，自然科学家查尔斯·达尔文（Charles Darwin）将东南亚的红色原鸡定为“现代农场鸡的祖先”，并将其命名为*Gallus*

家鸡的祖先——原鸡（*Gallus gallus*）

gallus（原鸡）。新的调查证实，印度南部的灰色原鸡（*G. sonneratii*）也为鸡的基因组贡献了至少一种性状，即黄色的皮肤。公元前 3200 年，原鸡在印度被驯化，在宗教仪式中它们的羽毛被献给印度的太阳神；公元前 2000 年，鸡已经出现在底格里斯河 – 幼发拉底河河谷和苏美尔；到公元前 1500 年，鸽子和第一批驯养鸡已经到达中国和埃及。

埃及人吃所有鸟类的蛋，并认为吃蛋有益于健康。他们煮蛋，炒蛋，煮荷包蛋，或作为酱料中的成分。在建造大型建筑物时，他们发明了一种在粪堆上孵化鸡蛋的方法，这样工人们能吃到更多的鸡和鸡蛋。公元前 1292 年，法老霍朗赫布死于底比斯。在他坟墓的墙壁上有一只鹈鹕和一篮子蛋的图画。通过这一壁画我们可以推测鹈鹕蛋也是那时的食物。公元前 1290 年左右，鸡到达了波利尼西亚群岛，到公元前 1000 年，到了东亚和波斯。大约在公元前 1200 年到公元前 332 年腓尼基文明蓬勃发展，而这些海员也是鸵鸟蛋的狂热爱好者。意大利的第一个文明：伊楚利亚人，住在古代意大利和科西嘉，他们饲养鸡、鸭、鹅、鸽子、黑鹂和鹧鸪，以获得它们的蛋。坟墓中的壁画描绘了男子使用网或绳索捕捉鸟类的场景，同时，在宴会场合中有大量的禽蛋出现。[1]

蛋作为食物的第一个书面描述被记载在一块古代亚述文的楔形文字泥板上，这块泥板在美索不达米亚平原被发现。那时的人们相信，人类的需求与神的需求是一致的，所以“神”的膳食应每天供奉四次。在“神”吃完之后，牧师将残留的食物，包括烤鸡蛋和炖鸡蛋送到皇室。在公元前 879 年，亚述国王阿淑尔纳西尔帕二世为了庆祝他的新军事首都建成，主持了一场为期十天的宴会，他最亲密的朋友中有 69 574 人参加了这次宴会。石柱上留存的记录显示，招待宾客使用了鹅、鸭、鸽子、斑鸠、小鸟和 10 000 枚鸡蛋。

公元前 800 年前后，鸡和鸡蛋被引入希腊，并在公元前 600 年到达撒丁岛、西班牙和西西里岛。没人能确定鸡蛋是何时被用于烹调与烘焙的，但是一些提到鸡蛋的古希腊食谱出现在伯里克利时期（公元前 495—公元前 429 年）之后，当时鸡被引入非洲。当鸡蛋最终进入古希腊人的食品柜时，它们并没有受到高度重视。希腊学者和美食家阿忒那奥斯在公元 200 年左右时创作了一本关于食材与食物的著作《宴饮的学问》(*Deipnosophistai*)。在书中孔雀蛋被列为百蛋之首，鹅蛋次之，鸡蛋屈居第三。几乎每个雅典人都有一只鸡，鸡的足迹遍布整个地中海，但是关于鸡蛋的烹饪方法却鲜有记载，但除了 *thagomata* 这道菜，记载中显示它由蛋清与含蛋黄的多种馅料制成。

鸭子可以说是禽舍里的老面孔，因为中国人在大约 4 000 年前就驯养了鸭，并将它们饲养在院子中。在公元前 246 年，中国人已经能够建造孵化鸭蛋的孵化器了。在这种被加热的大型黏土建筑中能够孵化 36 000 枚鸭蛋，鸭蛋在 24 小时内会被手工翻动 5 次。孵蛋方法作为严格保密的传家宝被代代相传；通过把正在孵化中的蛋放在眼窝处来判断温度是否合适；在保温箱中，他们通过移动鸭蛋、增加新鸭蛋来利用孵化产生的热量以及调整孵化区域的空气流通等，从而实现温度的调节。[2]

意大利首先开创了通过烹饪产生的热蒸汽给孵化器保温，进行孵化。罗马政治家、农业学家马尔库斯·加图（公元前 234—公元前 149 年）在一份粥谱（puls punica）中提到了鸡蛋。他明确指出要用陶瓦罐，食谱中说：

> “在水中加入一磅面粉并将其充分煮沸，倒入一个干净的盆中，加入三磅鲜奶酪、半磅蜂蜜和一个鸡蛋，充分搅拌后在一个新陶瓦罐中烹饪。”

罗马人也可能吃鸵鸟蛋，尤其是考虑到一枚鸵鸟蛋相当于 24~28 枚鸡蛋，鸵鸟蛋就成了所有大型集会上的美食。富有的罗马人很重视他们的晚餐，会用数小时来准备、歌颂并享用他们的食物。所有的开胃菜中，最受欢迎的就是蛋，孔雀蛋大概是他们最喜爱的。他们将蛋作为开胃菜来开始他们的晚餐（*coena*），最后以水果收尾。罗马哲学家及戏剧评论家贺瑞斯（公元前 65—公元前 8 年）用拉丁文“*ab ovo usque ad malum*”来描述一顿饭从头到尾，字面意思是“从蛋到苹果”。罗马士兵在进行帝国建设的征途中，在不列颠、斯堪的纳维亚、高卢和日耳曼发现了大量的蛋和产蛋母鸡。

在罗马帝国的全盛时期（公元前 1 世纪到公元 4 世纪末），第一本有关烹调食材的书籍《烹饪指南》（*De re coquinaria*）面世了。马库斯 · 加维乌斯 · 阿比鸠斯贡献了烤蛋奶沙司这样一道菜：把牛奶、蜂蜜和鸡蛋打匀，之后在陶制的碟子上用文火煮熟。阿比鸠斯还介绍了宴会上那些或豪华或充满异国情调的食物。这样的宴会通常伴随着人们醉酒后的争吵，如果有些食客真的喝得太多，宿醉难治，那么根据《现代酒鬼》杂志，他们可以吃一些炒金丝雀或是猫头鹰的蛋来醒酒。当然，这一方法我们现在并不推荐。开胃菜通常是海蜇、鸡蛋、牛奶鸡蛋煮脑花，还有海胆蘸酱（酱由香料、蜂蜜、橄榄油和鸡蛋混合而成）。阿比鸠斯作为一位酷爱吃放有蜂蜜和胡椒的鸡蛋的人，把这样的吃法叫作 *ovemele*，或者“蛋蜂蜜”。这可能是“煎蛋卷（omelette）”这个词的起源。[3] 他还提供了希腊 *libum* 的菜谱，这是一种为宗教仪式特制的蛋糕，只需一个鸡蛋和一磅黄油就能制成。这样的蛋糕主要被用作罗马人对上帝的献祭，或是用作在寺庙内工作奴隶的口粮，甚至有一个幼小的男奴隶因为不想再吃更多甜食而想要逃跑的故事。据说阿比鸠斯意识到自己的财富不及一千万塞斯特斯（相当于现在 0.75 吨黄金）时便毒死了自己，因为他害怕自己会因为没有足够的钱而饿死。不同的作者（共十人）后来用阿比鸠斯这个名字写了很多卷有关烹饪的书籍，使 Apicius 成了“美食家”和“讲究饮食的人”的代名词，并且除了两卷以外，其他的书现在已经遗失。四世纪期间，在阿比鸠斯的食谱里出现了 ova spongia ex jacte（煎饼）：将四个鸡蛋、牛奶和油打成浆，之后在一个盛有热油的平底锅里煎。只煎一面，然后放在盘子里撒上黑胡椒粉或是加些蜂蜜就可以食用了。

欧洲美食信奉“药食同源”，这是由希腊医生希波克拉底（公元前 460—公元前 370 年）提出的，这个观点现今非

一种用面粉和鸡蛋做的经典美食——可丽饼。

常受欢迎。他认为某些调味品及食物制备方法可以消除人体体液（血液、黏液、黄胆汁和黑胆汁四种）的不平衡，并且使其恢复正常的状态。每种体液都和特定的人格特征对应，血液与乐观的个性和热情的性格有关；黏液与缓慢和迟钝的人格有关；黄胆汁与易怒有关；黑胆汁与忧郁或沮丧的性格有关，melan 意味着黑色。医生的工作就是恢复和维持四种体液的和谐。

早在五世纪，罗马天主教堂就禁止教徒们在大斋节（复活节前的 40 天斋戒）进食各种动物性食物，如黄油、奶酪、鸡蛋等。到了十六世纪初，特伦腾大公会议认可了这些食物后，对于天主教家庭斋戒的约束力减少了很多，对于路德教和圣公会教徒也在一定程度上减少。有了教徒的祝福后，鸡蛋成为日常经济的核心，除此之外，鸡蛋的价格也成为一个国家城市生活水平或金钱价值的衡量标准。

在基督教时代早期，爱尔兰就有人饲养家禽了。尽管有些人认为是丹麦人引进了家禽，考古学家更倾向于认为它们来自公元 82 年的罗马不列颠。其中鹅蛋最受推崇，装于银盘和金盘中，作为宴会的奢侈品。布拉斯基特岛和其他西海岸线上的岛民经常吃海鸟的蛋，但是食用这种蛋会导致口臭。妇女和小孩喜欢味道偏甜的鸡蛋，然而对于男人来说，下地干活时可以带一些煮熟的鸭蛋作为午饭，因而鸭蛋对于他们是一种更有意义的食物。传说中，鸡蛋和培根的搭配源自爱尔兰。有个爱尔兰农妇在给她的丈夫煎培根，突然有个栖息在壁炉旁横梁上的母鸡下了个蛋，碰到了平底锅的边缘，蛋壳打碎了，蛋液流到了滋滋作响煎炸培根的肥油上。丈夫吃了妻子做的培根鸡蛋后，对于鸡蛋和培根的完美结合感到惊

收集用于烹饪的鸡蛋，引自14世纪的《健康全书》。

讶，于是到他干活的修道院，把这件事告诉了其他人。从那儿以后，培根配鸡蛋的美名就传遍了各个修道院，并且从一个国家传到另一个国家，深受富人穷人的喜爱，这都是源于“上帝的恩赐和懒惰的老母鸡打破常规的做法”。[5]在爱尔兰大饥荒期间（1845—1847），穷人是不吃鸡蛋的，他们用鸡蛋换钱来付租金，这些钱占据了一个贫穷农民四分之一的收入。甚至到今天，当有人在都柏林赚很多钱的时候，人们往往会说“他一定养了鸡”。[6]

在中世纪早期（公元五世纪到十世纪），封建主们享有诸多美食——鹿肉、牛肉、羊肉、猪肉、鸡肉和鹅肉，在周五还有鱼肉。这些肉通常都被串好了，吃的时候用刀切下来。仆人和奴隶们就不一样了，他们只有鸡蛋和奶酪，偶尔可吃到野兔和家禽。其实在大多数情况下，他们吃的是面包而不是鸡蛋，对他们而言，面包相对便宜，而且可以变着花样吃。法国皇帝秃头查理曾在公元 844 年下令，一个主教可以在他行进途中的每个小火车站停下，征用五十块面包、十只鸡、五头小乳猪和五十枚鸡蛋。如果他决定在一个小村庄停下，那将会是一项很重的税赋。

中世纪中期，欧洲贵族阶级很少吃禽肉，而更青睐红肉、面包和酒。不过平日里他们吃肉的同时还要与奶酪、鸡蛋搭配，在赎罪日他们还会以鱼代替。萨勒诺学校的医生基于阿拉伯的医学知识（当时最先进的医疗知识）于十一世纪提出了一种健康养生法，他们建议喝酒来辅助消化，鸡蛋应该吃新鲜的，绝对不要烹调过度，直到今天这也大有裨益。

《匿名》是一部写于十三世纪的安达卢西亚语烹饪书，记录了西班牙和北非的烹饪技术，并记载了第一份用鸡蛋面糊炸食物的食谱，这大概是日式料理天妇罗的起源（这一烹饪方法在十六世纪被葡萄牙传教士引入日本）。作于十四世纪初的法国烹饪书 *Le Viandier de Taillevent* 目前以手稿的形式保存在梵蒂冈。尽管人们都知道修道士喝一种由鸡蛋和无花果制成的牛乳酒——蛋奶酒的前身，但这本书记载的 170 份食谱中，只有四份以鸡蛋为主料。

在七世纪佛教成为日本国教时，天武天皇颁布了禁肉令——从 4 月到 9 月，禁食牛、马、狗、猴和鸡的肉。奇怪的是，这条律令并不适用于鸡蛋，但佛教的普通信众还是避免吃鸡蛋，生怕死后会下到为虐待禽鸟之人而设的地狱。实际上，在六到十六世纪的日本并不存在鸡蛋的食谱，但受中国、欧洲的商人和基督传教士的影响，这一局面在十六世纪末到十七世纪初的日本西部有了转变。日本第一份有记录的鸡蛋食谱发现于 1643 年写成的《料理物语》中，它记载了四种烹饪鸡蛋的方法。到 1785 年，《秘密食谱一百份》（*Banpo ryori himitsu bako*）中已有 103 种烹调鸡蛋的方式。这一点都不值得惊讶，因为当时人们普遍相信鸡蛋能提高人的精力，这也使鸡蛋成为妓院的首选食物。[7]

在叙利亚、伊拉克、埃及以及北非的阿拉伯人很少直接食用鸡蛋，他们更加看重的是鸡蛋在不同食谱中所具有的多

鸡蛋是大多数美食的重要成分。

种用途，其中比较重要的有：作为酱汁的增稠剂，作为填料或是黏合剂，以及用于制作面糊、配菜等。一份由十三世纪的美食家默罕默德·伊本·阿尔·伊本·默罕默德·伊本·阿尔–卡里姆·阿尔–卡提卜·阿尔–巴格达迪（简称阿尔·巴格达迪）所做的菜谱（*makhfiba*）就是个很好的例子。

> 将红肉切成薄片……轻微油炸……撒上调味品制成肉串。取一个熟透了的水煮蛋并除掉蛋白，把蛋黄串入肉串中间……再取几个鸡蛋打匀。趁肉还有余热时，把它浸入蛋液中，然后把它们放回锅中继续加热。重复两到三次，直到肉片被一层鸡蛋包裹，再放回锅中。

摩尔人鸡蛋的做法一般是把鸡蛋和香料搅匀，再使用面粉或者面包屑增稠。*Fadalat al-Khiwan* 是摩洛哥人菜谱中的一种，它需要的鸡蛋数量是最多的。

> 取肥母鸡和阉鸡……加入水，盐，大量油，胡椒，香菜，适量切碎的洋葱，去皮的杏仁，松仁，新鲜的橡子，新鲜的栗子肉，去壳的白核桃。开火制作。然后每一只鸡取 30 个蛋，加入香辛料，并把 20 个蛋黄和全部的 30 个蛋清搅拌均匀。

在鸡烹饪好之后，把鸡和打好的鸡蛋在另一个罐子里混合，打好的鸡蛋煮熟后包裹着鸡，上菜时加上刚才未用的 10 个蛋黄（已煎熟）。甚至可以使用更多的鸡蛋：将一个煮硬的鸡蛋切成均匀4份，再加一个薄煎蛋卷，加入鸡肉末调味。作者总结道："吃得健康是崇敬上帝的表现"。[8]

1393年出版的《巴黎的管家》一书中，以一位法国丈夫告诉年轻妻子的口吻描述了婚后行为规范——管理家庭和烹饪，书中主要介绍鸡蛋食谱，其中的一道菜是 *oeufs perdues*：将敲开的鸡蛋直接浇到热的炭火上，熟后取下食用。同样有趣的菜谱还有一个，非常适合刚刚完婚没有烹饪经验的家庭主妇制作。这道菜将煎过的蛋黄放在溶解的糖和蛋汤中。

> 鸡蛋用油煨着，将洋葱切片并煮熟，然后把洋葱撒在油里，倒入葡萄酒、酸果汁（一种味酸的、用未成熟的水果主要是葡萄发酵制成的液体）、醋的混合物中，再把它们一起煮沸。然后每碗中都放入三或四个鸡蛋，倒入汤汁使之不至于过于黏稠。

到了十五世纪初欧洲已经有许多与鸡蛋相关的菜肴。有一种名为"caudel"的食物，是一种蛋奶沙司；"jussell"是由鸡蛋和磨碎的面包做成的，用藏红花和鼠尾草调味；还有一种叫"厚烙饼"（*froise*），是夹有培根条的煎蛋卷；"艾菊"是一种用香料碎调味的煎蛋卷。同时，厨师也开始尝试使用生蛋黄使他们的菜肴或糕点更加有光泽，直到现在仍是一种常用的烹饪技巧。鸡蛋也被用来制作酒宴用酒。[9]

毫无疑问，优秀的厨师会尝试利用鸡蛋的各种形式制作菜肴。这些尝试为法国文艺复兴时期出现的高级鸡蛋烹饪技术奠定了基础。直到17世纪，鸡蛋仍然是很多佳肴的主要原料之一，人们熟知的舒芙蕾、蛋糕、蛋黄酱、荷兰蛋黄酱和法式伯那西酱汁酱就是当时发明的。意大利文艺复兴大师Martino da Como（可能是第一位明星大厨），在1450年左右撰写了第一本著名的烹饪指南——《烹饪艺术》。书中详细介绍了食材配料、烹饪时间、烹调技术和烹饪器具。这本书中最著名的食谱就是“*frictata*”（菜肉馅煎蛋饼）了：在蛋液中加入少量水和牛奶，再加入磨碎的奶酪、欧芹、琉璃苣、薄荷、马郁兰、鼠尾草或其他草药搅匀后烹制而成。他不仅花了一整章的篇幅介绍用鸡蛋制作的菜肴，而且还通过在面团中包裹鸡蛋这种烹饪技术，发明了馄饨的雏形“*raffioli*”。最令人感兴趣的是他煎鸡蛋的独特方法：取出蛋黄，与磨碎的奶酪、薄荷、香菜和葡萄干混合，然后把混合物重新加入蛋黄所在处的孔中，随后将鸡蛋重新煎炸，最后浇上橙汁，撒上生姜。

伊比利亚半岛的学者们通过查阅医院和寺院的账簿，知晓了普通人常吃的食物。西班牙托莱多的圣佩德罗修道院1455—1458年和1485—1498年的账簿显示，穷人饮食的种类相对贫乏，他们常吃熟透的硬肉，然而修士则可以享用小牛肉和鹧鸪，还有塞满了鸡蛋、藏红花、肉桂和糖的鸡。[10]除此之外，还有由土耳其奥斯曼帝国苏丹招募并皈依伊斯兰教的基督教青年精英军团。在十五和十六世纪，他们的军事实力令世人折服，饮食也比普通人好，有一种用葡萄酒、鸡蛋、大量糖和香料制成的布丁是他们的最爱。[11]希腊人以他们的鸡肉米饭汤而闻名，他们在食用时会佐以一种名为“鸡蛋柠檬酱”（avgolemono）的酱料，这种酱料主要由生蛋黄、柠檬汁、熟肉和鸡汤混合而成。它也可以浇在肉丸、蔬菜馅和葡萄叶馅上。这种添加蛋液的酱汁有着悠久的历史。1453

年，土耳其的奥斯曼帝国占领了君士坦丁堡，这导致土耳其人和希腊人之间的争斗持续至今。在庆祝活动期间，征服者穆罕默德二世品尝到了 *terbiyali* 调味汁，它与希腊人发明的将鸡蛋加入肉汤的味道几乎相同。

Bartolomeo Sacchi 是最早的烹饪史学家之一，笔名为 Platina。他于 1465 年夏编写了第一本印刷出版的意大利烹饪书——《关于快乐与健康（*De honesta voluptate et valetudine*）》，它是文艺复兴时期汇集中世纪美食的佳作，囊括了一张关于烤鸡蛋的配方：

> 在靠近火的温暖灰烬中小心转动新鲜的鸡蛋，以便四面都烤均匀；当蛋壳裂开时，说明鸡蛋已经烤好。这种烤鸡蛋的方式被认为是最好的，也是最令人满意的。

十六世纪，鸡蛋食谱在欧洲民间广泛流传。由于人口突然飙升，加上通货膨胀，普通家庭不得不寻找昂贵肉类的替代品。随着意大利文艺复兴向北传播，养鸡卖蛋越来越挣钱。鸡蛋可以代替面包屑作为增稠剂，在大多数食谱中也被用作黏合剂；蛋黄被用作增味剂。厨师尝试用新的方法来烹饪鸡蛋——从几乎不经过烹煮的 *ova sorbilia*，到水煮、油炸、烘烤，甚至碳烤鸡蛋，以及煎蛋卷、蛋奶沙司、萨巴里安尼[①]和作为配菜。

当 1533 年凯瑟琳·德·梅迪奇与法国国王亨利结婚时，

① 意大利菜肴。

她将菠菜引入了法国烹饪。为了纪念她的出生地佛罗伦萨，法国人创造了一个词 *à la Florentine*，即一种用菠菜搭配莫尔奈酱的菜肴。在那些早期食谱中，佛罗伦萨鸡蛋中会加入水煮蛋或烤鸡蛋。

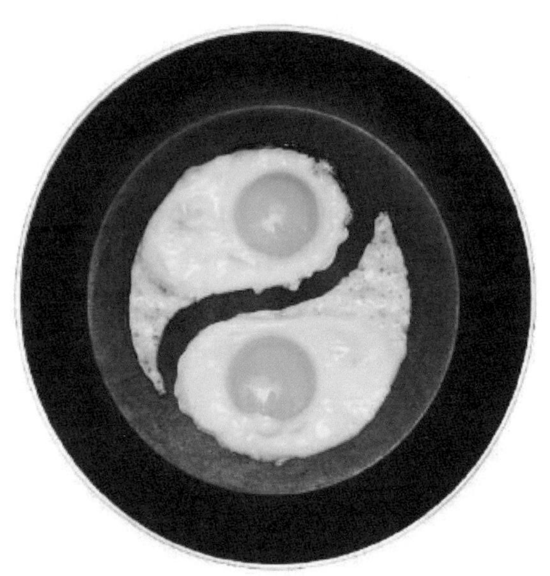

煎蛋。

后来有些食谱要求煮鸡蛋，有些则是炒鸡蛋。多年来，厨师已经让佛罗伦萨鸡蛋的菜谱变得更加灵活。在曼哈顿独家联合俱乐部的主厨 Adolphe Meyer 1898 年出版的烹饪书《鸡蛋和如何使用它们》中，形容这一菜谱为“浇上鸡肉和蘑菇奶油酱的鸡蛋，搭配着朝鲜蓟而不是菠菜”，具有讽刺意味的是，朝鲜蓟也由同一王后引入法国。

到 16 世纪 40 年代，法国、英国和意大利已经出现了烹饪书籍，这是鸡蛋烹调史的真正起源。《里弗堡德最佳烹调法》（被誉为烹调业最权威的书）提供了很多关于鸡蛋的食谱。其中最有名的一道菜是上了色并煮熟的鸡蛋。人们用染色茜草（*Rubia tinctorum*）榨出的汁将鸡蛋染成红色，用洋葱头的皮把鸡蛋染成黄色，用金箔把鸡蛋表面染成紫色，尽管我们目前还不清楚这其中的原理。更有趣的是，有无火烹饪鸡蛋的食谱。鸡蛋被放置在一篮子石灰（碳酸钙）中，之后把篮子浸在水里，鸡蛋就煮熟了。同一时间在另一本食谱《特别的新烹调法》记载道，鸡蛋被用于制作蛋奶沙司和油煎饼，在制作蛋挞时，鸡蛋甚至同时被用在油酥外皮和填充馅料中。然而，最为著名的一道菜是“莫内薛尼的鸡蛋”，做法是在玫瑰水和糖浆中煮熟鸡蛋黄，这道菜做成后看起来就像明澈的天空中挂着一轮明月。[12] 在那个时代里，人们很难找到一个不用鸡蛋的食谱。在意大利人哥伦布·斯布戈的烹饪书《新书》中记载道：蛋黄成为匈牙利鸡蛋汤的原料。用 40 颗鸡蛋、酸果汁、黄油和糖在双层蒸锅（水浴）中蒸片刻，直至其变稠。巴托洛米奥·斯加皮的歌剧（1570）中也显示出对于鸡蛋的痴迷。剧中介绍了一种直接饮用鸡蛋的食谱。人们用钉子刺破新鲜的鸡蛋之后将它放在沸水中煮，直到鸡蛋开始旋转（大约30秒钟）或者是烫手。之后把鸡蛋顶端破开，在鸡蛋里撒上盐和糖，最后直接从破开的口中把鸡蛋喝掉。

西班牙腓力三世的主厨弗朗西斯科·马丁内斯·莫帝在1611年出版了《艺术厨房，面包店，饼干和蜜饯》，重要的是他是第一个讨论如何管理厨房的人。他建议厨师们注意三件事：清洁、风味和速度。他的圣诞宴会中用到了鸡蛋：小牛肉馅的油酥馅饼，鸟肉馅饼加奶油汤，空心蛋糕，自制的面糊（用草药和鸡蛋制作而成的面糊），发酵和猪油千层饼，烤制的榅桲酱蛋糕，榅桲甜点，糖拌鸡蛋，野兔馅饼和油酥蛋挞。到十七世纪中期，法国的顶级美食家开始倡导以味道本身为基础的烹饪协调，这促进了黄油和奶油沙司的发展。巴黎的厨房成了用乳化剂增稠的传统法国酱料的研发实验室，这种酱料中液体以微小液滴的形式悬浮溶解在另一种原本无法混合的液体里。一些蛋白质、乳酪中的盐和脂肪酸还有蛋黄作为乳化剂同时与水分子和脂肪分子相结合，从而形成稳定的悬浮液滴，这样就创造了具有些许黏性的结构。这就是为什么把鸡蛋打到油醋色拉调味汁中，后者呈现均一奶油状的原因。

十七世纪时，奢华且精致的菜肴是法国厨艺界的主流，之后人口激增，许多人开始居住在郊区。为追求安逸的田园生活，富有的巴黎人买下了农场和葡萄园。因此，大量新鲜的田园时蔬涌入厨房，激发厨师们去挖掘食材的内在品质的技巧。被路易十四的管家称作“自然的味道”的蔬菜占据了食物的重要部分，并且佐以精致的酱汁调味，其中包括一种用蛋黄增稠的奶油沙司，1651年被迪圣在他的食谱《法国的

迭戈·委拉斯开兹，老妇人煮鸡蛋，1618 年。

园艺》(*Le Jardinière francais*) 中提到。

现代的荷兰蛋黄酱、蛋黄酱和其他酱汁都是那个时代最著名的厨师弗朗索瓦·皮埃尔·拉瓦雷纳（1618—1678）传承的。他的著作《弗朗索瓦的职业介绍》(法国烹调法）是有史以来最具影响力的烹饪书，也是第一本采用字母顺序编排食谱的烹饪书。他并不满意当时的香料，并且提供了 60 种食谱来丰富以前粗陋的鸡蛋烹饪方法。他提倡利用蔬菜的自身特性来烹饪，创造了一种用肉油、醋、柠檬汁或酸果汁调和而成的酱汁。这本在 1653 年出版的烹饪书中介绍了一种叫“月光奶油煎蛋”的食谱。拉瓦雷纳的布兰奇沙司（*la sauce blanche*)(白汁沙司)将蛋黄与酸性液体和黄油融合，通过蛋黄的乳化特性带来酱汁浓稠却丝般柔滑的质感。由于磷脂质的存在，一个大蛋黄能在制作沙司时乳化 110 克(4 盎司)的黄油，或者在冷的酱汁(比如蛋黄酱)中乳化更多的油脂。蔬菜炖肉和油焖原汁肉块之间的差别是，蔬菜炖肉倾向于使用面粉和黄油，而油焖原汁肉块使用蛋黄。这一区别被在凡尔赛做厨师的法国贵族大厨师 Francois Massialot(1660—1733)在他的著作《烹饪——从王室到贵族》(皇家和平民的烹调技法)中有记载。经典的中世纪酱汁有着独特的颗粒特性，这依赖于面包屑、杏仁粉和烤面包碎块炖的肉汁清汤的组合。但这一特性逐渐消失了，取而代之的是由鸡蛋黄、乳酪面粉糊中的脂肪(更不用说奶油和黄油)所带来的浓厚饱满的口感。

Massialot 的烹饪书记载了第一份焦糖布丁的食谱，这是一种由蛋奶沙司和焦糖牛奶做成的甜点。尽管和焦糖布丁有着类似的烹饪方法，表层加砂糖的蛋奶沙司——泰罗尼亚焦糖奶冻(*crema catalana*)的历史可以追溯到中世纪的西班牙。20 世纪 80 年代，正是受这个西班牙甜点启迪，马戏团餐厅(Le Cirque)老板 Sirio Maccioni 要求餐厅糕点主厨迪特尔·舍尔纳为菜单增加类似的新品。这一甜点引领了当今世界潮流。这种在有凹槽的浅焙盘中做出的甜点，外壳更薄，它的名字被法国化为 crème brulée(焦糖布丁)，与纽约的这家法国餐厅相衬。[13]

帕拉蒂尼公主，也就是路易十四的弟妹，在 1718 年写到过这位君王惊人的胃口：

塞尔夫鸡蛋杯，
1756—1768年。

> 他能喝下四碗汤、一整只野鸡、一只山鹑，再来一大碗汤、一大盘沙拉、两片火腿、蒜汁羊肉、一份糕点，最后还加上水果和煮熟的鸡蛋。

路易十五（1715—1774）的一家人都喜欢吃鸡蛋。他们每周日都吃煎鸡蛋，而且巴黎人赞赏他们的君主对蛋的热爱。在近乎虔诚的寂静中，路易十五用他的叉子轻敲一下鸡蛋的小头，餐桌边侍从官让大家注意，并大声宣布："国王要吃鸡蛋了！"

不只是王族成员对鸡蛋有股热望。传说一次制作煎蛋卷失败后，拿破仑·波拿巴（1769—1821）惊呼："我简直高估了自己的才能！"这位信奉"兵马未动粮草先行"的将军爱好葡萄酒，并将罐装作为一种安全保存食物的方法。

法国大革命（1789—1814）后，外交官查尔斯-莫里斯·德·塔列朗－佩尔戈德（Charles-Maurice de Talleyrand-Périgord）又带起了享受精致食物和娱乐活动的风潮。1797年起，他雇用了一位名叫安东尼·卡莱姆的厨师（曾经做过面包师），这位十九世纪最伟大的烹饪天才了解罗曼诺夫、罗斯柴尔德和罗西尼家族的喜好，甚至为拿破仑制作过的结婚蛋糕。[14]喜爱复杂形状和装饰的卡莱姆设计了一个“鸡蛋卡莱姆”的配方：鸡蛋用圆柱形模具烘焙，直到蛋白凝固，用松露和腌牛舌装饰，然后将每个未用模具塑形的鸡蛋放在水煮的朝鲜蓟根上，用蔬菜炖羊杂、松露和蘑菇作为底层，用马德拉葡萄酒（Maderia wine）和奶油调味的棕色调味汁作盖浇，最后用一片切成锯齿图案的口条点缀。最重要的是，卡莱姆是第一位通过出版食谱而变得富有和出名的厨师。他发明了一种将数百种调味汁分为五大类的分类方法：黄油酱（黄油色）、番茄酱（红色）、沙罗酱（白色）、白汁沙司酱（金色）和棕色酱或褐酱（半糖霜色）。主要调味汁中只有荷兰蛋黄酱包含鸡蛋，但今天它们被用于许多流行的酱汁变体——“aioli（蒜泥蛋黄酱）”，一种大蒜味的蛋黄酱，由大蒜、蛋黄、油和调味料制成，食用前搭配柠檬汁和一点冰水；“béarnaise（荷兰汁）”，是用蛋黄、白葡萄酒或醋、青葱、龙蒿和胡椒粒制成的；“newburg（纽堡）”，由黄油、奶油、蛋黄、雪利酒和调味料组成；“remoulade（蛋黄酱）”，一种辣的蛋黄酱，由凤尾鱼或凤尾鱼酱、芥末、酸豆和切碎的咸菜制成，是新奥尔良人的最爱。

法国主厨乔治·奥古斯特·埃科菲耶（1846—1935），被称为有史以来最伟大的厨师，是国王的御用厨师和主厨，凭借他高超的厨艺被写入烹饪历史中。他合作创建了丽思连

一种加有奶油和树莓的奶油蛋白甜饼——pavlova。

锁酒店，因担任法国美食大使而闻名。他的故事激励了世界各地的厨师，最终因为他的众多贡献被封为爵士。埃科菲耶身材不高，穿上了厚底鞋才能够到炉子。然而，他的身材并没有妨碍他通过改善和简化特级烹饪方式来使烹饪更加高效，达到专业烹饪的高度。他的《烹饪指南》(*Le Guide culinaire*)(1902)列出了300多种关于鸡蛋的菜肴，并且已经成为烹饪界迄今为止最权威的烹饪参考书。他的炒鸡蛋闻名于世界。凯撒·威廉二世曾向埃科菲耶提过："我是德国的皇帝，但你是厨师界的皇帝。"

3

无蛋不成佳肴

煮熟的鸡蛋很难打散。

——佚名

鸡蛋是一种几乎可应用于所有菜肴的重要原料。不仅如此，它更是煎蛋卷、乳蛋饼、菜肉馅煎蛋饼等蛋奶素食餐的关键食材。它也是蛋糕、油酥点心、布朗尼等烘焙食品中的原料。鸡蛋是自然界最完美的食物之一。当我们把蛋黄和蛋白放在一起时，它们能够极好地平衡彼此，而当我们把它俩分开，它们又各自体现出独特的一面。蛋黄中的脂肪会破坏蛋白的起泡能力，但当蛋黄从蛋清内被分离出来单独使用时，它却能让各食材融合，使焙烤食物、酱料、布丁及蛋奶沙司口感更加柔和顺滑，提供丰富的色彩和滋味，乳化酱汁。蛋清有助于使烘焙食品变得坚韧、稳定，同时帮助其保持水分。此外，蛋清经过搅打后，蛋白散开并膨胀，形成一个个充满空气的小泡，这些小泡在受热时会进一步膨胀，因而蛋清是一种有效的发酵剂。蛋清可使烘焙物的质地变轻，并增大其体积，其形成的泡沫像是生面团的结构建筑师，可在日益流行的无麸质烘焙食物中作为结构剂的替代品。蛋白甜饼和慕斯甜点加入鸡蛋后会更加香滑松软；油炸食品外面经常包裹用鸡蛋和面粉制成的糊；打散的鸡蛋加到热汤里，可装点菜肴。

一定要记住，如果要把鸡蛋与油脂和糖混在一起，应选择保存在室温下的鸡蛋。使用冷藏过的鸡蛋可能会使菜中的脂肪变硬，蛋糊凝结，从而影响菜品的口感。如果鸡蛋已经保存在冰箱里了，则需要在烘焙前将其取出放置约一小时，或在准备其他配料时将其在温水中泡几分钟。

从营养角度来说，一枚鸡蛋中含有 13 种营养素和 6 克蛋白质。所有的脂肪、四分之三的能量和将近一半的蛋白质都在蛋黄中。蛋黄中还含有维生素 A、维生素 D、维生素 E、锌以及使蛋黄着色的类胡萝卜素。蛋黄颜色可通过在母鸡饲料中添加天然橙黄色金盏花瓣来加深。比起蛋清，蛋黄含有更多的磷、维生素 B_1、锰、铁、碘、铜和钙，而蛋清含有更多的核黄素和烟酸。一枚大鸡蛋中所有营养的总能量只有 70 卡，同时鸡蛋的蛋白质可消化性评分（Protein Digestibility Corrected Animo Acid Score，PDCAAS）为 1.0，即鸡蛋的必需氨基酸组成与人体必需氨基酸模式完全匹配。作为天然乳化剂，蛋黄可稳定食物中各组分——油、脂肪、水、空气、碳水化合物、蛋白质、矿物质、维生素和调味料，把它们调和在一起，防止它们在烹饪和加工的过程中分离开。

鸡蛋通常是白色或褐色的，但是有些稀有的家禽品种可以下蓝壳或者绿壳的鸡蛋。一般来说，白色羽毛和白耳垂的品种下白色的蛋，红色羽毛和红耳垂的品种下褐壳蛋。白壳鸡蛋在美国的需求量最大，但它们与褐壳鸡蛋具有相同的营养价值。褐壳蛋蛋壳更硬，因而更耐煮。可以通过旋转鸡蛋来判断一个鸡蛋是生是熟：如果鸡蛋摇摆并停止旋转，则是生鸡蛋；如果能够自由旋转，则是熟鸡蛋。众所周知，带壳的蛋不能在微波炉里加热。

鸡蛋产业在美国每年的产值是 70 亿美元。美国的年产蛋量约为 780 亿枚（或 65 亿打），占世界鸡蛋供应量的 10%。其中 60% 供消费者食用，平均每人每年吃 249 个鸡蛋。9% 用于食品服务业，其余的则被餐馆制成蛋制品或被生产商制成零售食品。

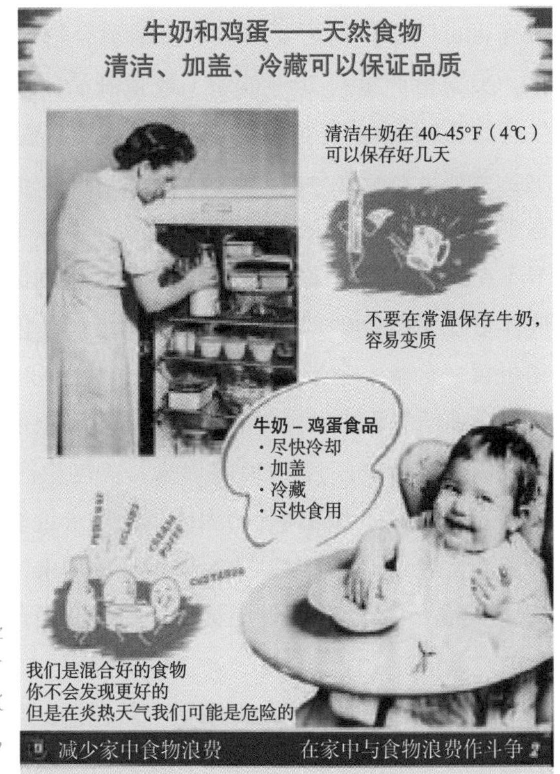

美国关于食物贮藏建议的公益广告——“减少家中食物浪费”，约 1945 年。

为寻求鸡蛋的新用途，食品行业不断开发更简便的鸡蛋加工形式，用于商业、食品服务业和家庭销售。冷藏液蛋、冷冻蛋、蛋干粉和其他特别产品在风味、营养价值和用法上与带壳蛋相当。蛋糕和布丁混合物，意面，冰淇淋，蛋黄酱，糖果和烘焙食品等方便食品都以蛋制品为原料。相对于带壳蛋来说，蛋制品更受商业面包师、食品制造商和食品服务行业的欢迎，因为它们具有使用更方便，更易控制分量，节省劳动力，储存要求更低，并能提供更高的产品质量、稳定性和一致性等优点。

过剩的带壳蛋也用于生产蛋制品。可以毫不夸张地说，带壳蛋可用于任何需要蛋黄和蛋清混合物的食谱。在 1992 年，美国蛋产量约 20% 被加工成蛋制品；如今，美国每年生产约 7.5 亿磅的各种类型的蛋制品。要制造冷藏液体产品，鸡蛋需被机器破碎分离，液体鸡蛋放入带盖的容器中，然后运到面包店立即使用或运到工厂进行进一步加工。卫生罐装卡车在运输中能够保持足够低的温度，以确保运至目的地的液体蛋在 4℃（40°F）以下。冷冻鸡蛋产品包括分离的蛋白和蛋黄，全蛋，全蛋和蛋黄混合物，全蛋和牛奶的混合物。为防止冻结过程中发生凝胶作用，蛋黄和全蛋中有时会加入盐或碳水化合物。自 1930 年以来，美国生产的干蛋制品或脱水蛋制品被称为固体蛋。固体蛋的需求量很小，直到第二次世界大战时，为满足驻外军队增长的需求，其产量才达到最高水平。今天，干蛋制品被用于许多方便食品和食品服务业中。

为食品服务业提供的专用蛋产品包括：湿包装或干包装的去壳熟鸡蛋（要么整个加工，要么切成楔形、削成片、剁碎或者进行腌制加工）；长卷熟鸡蛋；冷冻煎蛋卷；鸡蛋小馅饼；乳蛋饼和混合乳蛋饼；冷冻速冻法式吐司；冷冻炒蛋混合料；冷冻煎鸡蛋；冷冻的半熟摊鸡蛋；冻干炒鸡蛋和其他方便食品。如今经过包装的熟鹌鹑蛋正作为一种特色美食风靡美国与日本。还有一些鸡蛋的创新产品：巴氏灭菌的去壳液态鸡蛋、可自由流动的冷冻蛋丸，以及用气调包装的熟鸡蛋等都将很快上市。很多专项的鸡蛋产品也正在逐渐进入零售市场，包括冷冻煎蛋卷和调料包，冷冻炒鸡蛋、法式吐司和乳蛋饼；还有一些特殊包装、耐储存的熟鸡蛋制品。

世界各地的人们都想要获得营养丰富的原生态鸡蛋。全球知名鸡蛋生产商主要包括：美国的 Cal-Maine 食品公司、海兰国际、Keggfarms 的有限公司、Land O'Lake 公司、Michael 食品公司、宁波江北德西食品有限公司、诺贝尔食品公司、玫瑰牧场公司、朝圣者荣耀公司、Suguna 家禽养殖有限公司、生命树公司和泰森食品。[1] 到 2015 年，全球鸡蛋市场有望达到 1.154 万亿元。此外，亚太地区，尤其是中国（每年生产 3 900 亿枚鸡蛋），预计将占到世界鸡蛋供应量的一半。同时，中国每年生产 550 万吨鸭蛋，是世界上最大的鸭蛋供应国。经过几个世纪的发展和完善，中国的鸭肉料理已经成为中餐的骄傲。中国的鸡蛋年消费量也是世界最高的，达到了人均每年 333 个。其中大多数的鸡蛋是在大规模集约化养殖下生产出的。当下中国养殖户主要采用笼养方式将产蛋鸡养在一排排的阶梯式鸡笼中。但与此同时，散养模式也有所发展。鸡蛋是中国家常菜的重要组成部分，厨师经常用带花边的熟鸡蛋带或鸡蛋丝作为装饰。鸡蛋也被加入汤和豆腐酱中作为佐料或者配料。

印度是世界上第二大蛋生产国。在印度，鸡蛋被用作黏合剂加入各种咖喱食品中，但印度是个素食主义国家，鸡蛋消费量很低，人均每年48个鸡蛋。根据国际蛋委会（International Egg Commission，IEC）的统计，在政府对蛋类消费的鼓励下，拥有12亿人口的印度成为世界上鸡蛋销量增长最快的市场之一。

日本是第三大蛋生产国，人均蛋消费量为320个。同时，日本是唯一的，也是最大的美国鸡蛋产品进口国。日本人几乎可以用鸡蛋搭配着任何东西吃。在日本，一碗拉面的价格可以购买二十个鸡蛋。日本消费者更喜欢生鸡蛋，将生鸡蛋打到米饭上，再加一点酱油就可以构成一顿简单快餐。把鸡蛋打入热米饭中，慢慢搅拌成一碗蛋花饭，这是最受日本人欢迎的早餐。除此之外，寿喜烧（*sukiyaki*）和日式火锅（*shabu-shabu*）通常会用鸡蛋作为蘸料。表层裹有面包屑的炸肉排与鸡蛋成为各种日式盖饭的核心。最受欢迎的寿司之一是Tamago Roll，这是甜鸡蛋煎蛋卷（sweet egg omelette）的日语名称，由一层层的鸡蛋在特制的矩形平底锅中前后滚动而成。

如今，墨西哥是第四大蛋生产国。消费的蛋（人均300蛋）主要是鸡蛋，鹌鹑蛋消费量第二。十六世纪初，西班牙侵略者将鸡蛋引入阿兹特克（*Aztecs*）。尽管食谱因地域不同有所区别，但是鸡蛋是墨西哥美食中不可或缺的重要组成部分。它们不仅存在于果馅饼、甜甜圈（*huevos reales*）、椰子糖（*cocado*）及其他甜品中，还存在于各种美味的蛋类开胃菜中，如*huevos rancheros*（农场主鸡蛋），配上青辣椒和辣茄汁的*huevos al albañil*（搬砖工鸡蛋），以及*huevos*

一种传统的得克萨斯墨西哥风味早餐——migas。

divorciados（离异者鸡蛋）。离异者鸡蛋由两个鸡蛋组成，每个鸡蛋都使用不同的酱汁，一个红色，一个绿色，因而得名。用剩下的墨西哥玉米饼炒蛋就能得到一种经济实惠的得克萨斯–墨西哥风味菜肴 *migas*，*migas* 的字面意思是“面包屑”。可能是同名西班牙菜的新做法。那种西班牙菜是用切块的剩余的乡村面包和鸡蛋做的。

kai kwam 即泰国的酿馅鸡蛋，将海鲜和猪肉混合填入鸡蛋后加入鱼露、椰奶和香菜叶。当切成两半的鸡蛋被填满后，蘸一些面糊，再油炸至金黄色即可。由于澳大利亚人拥有最独特的家禽品种，因此，他们喜欢一种抹辣味料烤的经典蛋：绿色的辣味烤鸸鹋蛋。创作者保罗·特斯梅尔建议将葡萄柚大小的鸸鹋蛋煮 70 分钟。由于鸸鹋蛋壳内部是未来体重达 68 千克（150 磅）的鸸鹋，因此，打开鸸鹋蛋需要使用螃蟹锤或重型菜刀。打开蛋后，将巨大的蛋白切成 2.5 厘米（1 英寸）见方，然后裹满蛋黄、蛋黄酱、番茄酱、辣酱油和佐料。

在奥地利、丹麦、法国、德国、意大利、匈牙利和新西兰，每年人均消费 200 多个鸡蛋。过去四十年来，发展中国家的人口和收入不断增加，蛋消费量也增长了十倍，其中包括利比亚、哥伦比亚和土耳其。在哥伦比亚，全蛋是油炸玉米面饼（*arepas*）的众多馅料之一。而在土耳其，有一种主食是 *menemem*，是一种搭配蔬菜的炒鸡蛋。土耳其厨师在 2010 年 10 月因做出了世界上最大的煎蛋卷创造了新的世界纪录，这个煎蛋卷是他们用 110 000 个鸡蛋在周长 10 米（1 345 英尺）① 的煎锅中做成的。

在英国鱼和薯条商店的货架上经常可以看到腌制的鸡蛋，有时在上等酒吧也有售。图中鸡蛋是与甜菜根一起腌制的。

① 数据原文如此。

土耳其鸡蛋是一种独一无二的菜肴，最初是由在伊斯坦布尔的 Changa 餐厅的 Peter Gordon 厨师发明的。这道菜也在他位于伦敦的 Providores 餐厅售卖。这种美食是将两个完美的荷包蛋放在搅打酸奶与热辣酱上。它给消费者提供了难忘的口感体验。尽管在英国更为常见，腌制的鸡蛋同样与众不同。为了上色，通常将鸡蛋与甜菜一起腌。这种腌鸡蛋不免让人联想起同样是瓶装的医学标本，在英国鱼和薯条商店的货架上经常可以见到，有时在上等酒吧也有售。如果您有兴趣自己腌制，有一个名为 Egg Pub 的奇特网站提供了一个基本的制作方法。

torhonya，也有时被称为 *rivilchas*，是用蛋和面粉制成的耐嚼的小饺子，在奥地利、匈牙利和其他中欧国家会将其加到汤中。将肉和蔬菜煮熟后，加入现包的这种小饺子并用小

一款经典的由鸡蛋、奶酪和培根制成的点心——洛林乳蛋饼。

火慢炖。这样一盆汤可以在冬天驱走严寒。虽然乳蛋饼被认为是法国的经典菜肴，但实际上它起源于中世纪 Lothringen 国王在任时的德国；后来法国人将其改名为 Lorraine。“quiche”（乳蛋饼）一词来自德语“*Kuchen*”，意指蛋糕。最初的“洛林乳蛋饼”是一种开口馅饼，里面装着一个鸡蛋、奶油和熏肉，后来人们又加入了奶酪。最初蛋糕皮由生面团制成，后来发展成酥皮外壳。第二次世界大战后的某个时期，乳蛋饼在英国流行起来，20 世纪 50 年代美国也流行起了乳蛋饼。由于最开始主要是素食，乳蛋饼被认为是一种“不太男人”的菜。因此，有“真正的男人不吃乳蛋饼”的说法。

“tortilla”是西班牙的一种煎蛋卷，通常饼皮上会覆满土豆，它可以在任何一餐被食用。tortilla 和西班牙肉菜饭、西班牙冷汤齐名，被认为是伊比利亚人料理中的代表作。tortilla 还被称作 *tortilla de patatas*（西班牙土豆煎蛋饼）或是 *tortilla espanola*（西班牙式蛋饼），是酒吧、餐馆、家庭中必不可少的菜品。它可以作点心或是夜宵，也可以出现在一日三餐的餐桌上作为主食食用。因为西班牙土豆煎蛋饼在做出来以后很快会被吃完，所以人们并不会考虑冷藏储存它，只会像法国家庭在橱柜里储藏奶酪一样，把它放在餐厅的桌子上。任何一个自诩地道的西班牙小吃特色酒吧一定会有西班牙土豆煎蛋饼。这道由鸡蛋和土豆制成的简单菜品通常会被切成小块，插上牙签，摆在全国各地有着长长木质柜台的酒吧内供食客享用。

意式甜点是非常看重愉悦感的组合式点心，因此，意式甜点都由丰富的原料烹饪而成，也有着令人难忘的口感。毫无疑问，最受欢迎的意式甜点是提拉米苏。这是一道由手指

由马斯卡普尼干酪、鸡蛋、手指饼干和咖啡制作而成的美味点心——提拉米苏。

饼干、浓咖啡、马斯卡普尼干酪、鸡蛋、糖、马莎拉白葡萄酒、朗姆酒和可可粉制作而成的具有高雅丝滑口感的甜点。tiramisu（提拉米苏）的意思是 pick-me-up（提神；带走）。而关于这个名字的由来，有两种不同的说法。第一种说法认为，这个名字的意思是“提神”，指的是提拉米苏中两种含咖啡因的成分——浓咖啡和可可。而第二种说法则认为，这道甜点是如此的美妙，以至于它使得品尝者无比着迷，吃甜点的人有理由提出“带你走吧”的请求。目前人们普遍认为，1971 年意大利崔维索城的 Le Beccherie 餐厅发明了这一美妙的甜点，然而，有些人却认为，提拉米苏的做法在第一次世界大战时就已经发展完善。在第一次世界大战中，人们在奔赴战场时带上提拉米苏，这些提拉米苏被寄予着带给士兵力量、保佑士兵平安归来的美好愿望。第三个有关起源的说法认为提拉米苏有着更加久远的历史，因为自十七世纪以来意大利托斯卡纳地区便有相似的分层点心的制作方法。

萨巴里安尼（*zabaglione* 或 *zabaione*）是另一种受欢迎的意大利点心，由鸡蛋黄、糖和葡萄酒（通常是马莎拉白葡萄酒）加热搅拌至混合物起泡后盛装在玻璃器皿中。经由威尼斯人改良后的萨巴里安尼——*zabaglion* 在委内瑞拉广受好评。它的主要成分是蛋黄、糖、奶油、马斯卡普尼干酪（一种牛奶软干酪），偶尔会加甜葡萄酒，传统的吃法会配上新鲜的无花果。

培根蛋意面（*spaghetti alla carbonara*）是由意面、腌猪肉、鸡蛋和奶酪组合在一起制成的，它是世界上最受欢迎的菜肴之一。很多人认为，这一菜肴的历史可以追溯到第二次世界大战的最后几年。1944 年，罗马从德国解放出来之后依然驻有大批的军人，因此罗马厨师发明了一种可以利用来自美国的熏肉和鸡蛋粉的食谱，并将这两种原料和意大利人喜欢的意面结合在一起。食品历史学家一致认为这是长期流行于意大利中部与南部的乳酪蛋面（*pasta cacio e uova*）的另一种做法：用融化的猪油浸润意面，然后与打好的鸡蛋和磨碎的奶酪混合，这种做法记载在布翁维奇诺公爵 Neapolitan Ippolito Cavalcanti 于 1837 年编撰的《厨艺理论与实践》（*La Cucina teorico pratica*）中。

有一种在阿尔及利亚叫作 *būrak*，在摩洛哥叫作 *brīwat*，在突尼斯称为 *brīk*（发音同“breek”）的松脆可口的棕色油炸糕点，内有流动的蛋清蛋黄，是很有名的街头小吃。土耳其烹饪书作家 Ayla Esen Algar 认为 *börek* 的发明者是东突厥斯坦（逐渐向西扩张到大呼罗珊（Khorasan），最后到达地中海）的统治者 bugra khan（死于 994 年）。

菲律宾人喜欢吃鸭胚或毛鸭蛋（balut）。由于胚胎发育时间的不同，这些胚胎通常会有喙、骨和羽毛。男人吃毛鸭蛋为了所谓的壮阳功效，而女人则是因为其富含能量与营养。作为菲律宾的国民街头小吃，毛鸭蛋在马尼拉常被评价为“如热狗在美国一般受欢迎”。毛鸭蛋在中国、老挝、柬埔寨、夏威夷、泰国也是有名的小吃，并且在有大量菲律宾裔美国人的加利福尼亚州也很受欢迎。十六世纪初，西班牙人到菲律宾时，带来了他们爱吃的甜点，如 *leche flan*（焦糖布丁）或 *crème brûlée*（奶油布丁），*yema*（蛋黄甜点），*torta del rey*（国王的蛋糕）和 *hojaldres*（千层饼），*rosquillos*（曲奇饼干），*enseimada*（面包）和 *galletas*（饼干）。所以，鸡蛋因其烹饪的便捷性与灵活性给予了专业厨师及业余厨师烹饪美食无尽的灵感。

毛鸭蛋，也就是发育中的鸭胚胎，可带壳蒸煮后食用。

4

美式烹饪中的鸡蛋

我年轻，我快乐，我是一只破壳而出的小鸡。

——詹姆斯·巴里

有些人认为，克里斯托弗·哥伦布在1493年的第二次旅行中将第一只鸡带到了新大陆。在1620年，最早的英国殖民者通过五月花号轮船将鸡带到弗吉尼亚州。令人失望的是，起初那些母鸡由于不适应环境没有下蛋。后来的殖民者带来了他们最喜欢的烹饪书籍和相应的原料以及烹饪技巧。1615年，杰瓦斯·马克姆（Gervase Markham）在英国出版的《英国主妇》（*The English Huswife*）一书中记载了一种十分受欢迎的白色布丁配方。这种布丁含有甜奶油，在牛奶中浸泡12小时的燕麦，8个蛋黄，牛肉牛脂和香料——所有的原料都是现成的。

弗朗西丝·帕克·卡斯蒂斯（Frances Parke Custis）编写了一本棕色皮革装订的小书，分为“烹饪书”（*A Booke of Cookery*）（包含205份食谱）和“糖果书”（*A Booke of Sweetmeats*）（包含326份食谱）两部分，是宾夕法尼亚州历史学会手稿部门的宝贝。在1759年初夏，乔治·华盛顿上校27岁的新婚妻子玛莎把它带到弗农山。玛莎的第一任丈夫是卡斯蒂斯夫人的儿子。鸡蛋通常用大盘子呈上，只煎一面的荷包蛋和清脆的培根丝一起作为早餐，但是除了作佐料之外，鸡蛋在食谱中往往被忽略。然而，一份特制的食谱——奶油鸡蛋，被适时地写了下来。虽然原料的用量看起来很大，但这对一个有十到十二个孩子及其他亲戚一起用餐的家庭并不稀罕。一个黑蛋糕食谱要用“二十个鸡蛋，两磅黄油，两磅糖和一夸脱奶油。”[1]

威廉·霍加斯，哥伦布竖立鸡蛋，1752年。传说，克里斯托弗·哥伦布发现美洲后，其他人试图贬低他的成就。哥伦布向那些人发起了挑战——把一个鸡蛋立起来，然而没有一个人可以做到。然后他轻轻地敲破了蛋的一头，并把它立了起来。他想说的是，一旦你看到一件事情是怎么做成的，它就变得简单了。

作为在美洲殖民地工作的仆人，阿米丽亚·西蒙斯（Amelia Simmons）于1796年在美国康涅狄格州的哈特福德（Hartford）自费出版了《美国烹饪》。这是第一本介绍用本土食材（如玉米粉和南瓜）制作传统菜肴的美国烹饪书。印度薄煎饼、玉米饼和南瓜布丁用到了玉米面和南瓜。她总是建议使用新鲜的鸡蛋。1897年，妇女援助协会的佛罗伦萨·埃克哈特解释了如何检查鸡蛋是否新鲜：

> 鸡蛋——干净，薄壳，长椭圆形并具有尖端是最好的；确定是否新鲜——在光下照射，如果蛋清清晰，蛋黄在中心，是新鲜的，否则就是不新鲜的。最好的方法是将它们放入水中，如果沉在水底，是好的、新鲜的；如果一端突然浮出水面，是不新鲜的；如果在水中上升，则是不新鲜的，不应食用。[2]

并不是每个人都养鸡，所以在十九世纪中期，集市日变得越来越重要。一个城镇的中心往往是公共广场，那里是谈生意和商品交易的场所。在广场上，平日里见不到面的人们可以在一起讨论政治或进行社交活动。由于绝大多数定居者工作时间较长，所以星期六被指定为将货车或马匹赶到城镇进行采购的日子。居住在伊利诺伊州杰克逊维尔的卫理公会牧师，《十年的传教士生活》的作者威廉·亨利·米尔本（William Henry Milburn）写道："星期六是美好的一天，年轻人和老年人，男人和女人带着土地生产的产品，通过各种交通工具从几英里外来进行贸易。"

> 衣着朴素的主妇和少女们，围着广场兜着圈，挨家询问："要买鸡蛋吗？"有些时候她们也会愤怒地回答，就像我之前听说的，当一位女士听到一打鸡蛋仅仅三分钱的价格时，她说："什么，难道你逼着你的母鸡每天拼命下蛋，下出三分钱一打的鸡蛋吗？你自己下蛋去试试吧，看看你是否喜欢这个价格！"

将爱尔啤酒、葡萄酒或者苹果酒与鸡蛋和牛奶一起混合，就得到了蛋酒（eggnog）。这种英式热饮起源于牛乳酒。蛋酒在1825年第一次被记载，从古至今它一直是庆祝繁荣和健康的饮品。蛋酒也被称作鸡蛋菲丽普，nog一词是指英格兰东安格利亚酿造的一种烈性啤酒。《食橱之爱——一本烹饪珍品的宝典》（1997）的作者马克·莫顿认为："nog"一词可能与"noggin"一词有关，"noggin"一词指的是一个只装了四分之一品脱的爱尔啤酒或者其他饮料的杯子。他接着讲到noggin这个词的表面意是脑袋，而头骨可以看作是容纳脑组织的杯子。在英国富有的绅士常把糖、牛奶、鸡蛋和白兰地酒、马德拉酒或者雪利酒混合在一起。事实上，根据《英国通俗语词典》（1811）的说法，早期的英国俚语将烈性的热啤酒和鸡蛋、白兰地酒一起饮用称作"Huckle My Buff"。蛋酒在美国更受欢迎，因为那里乳制品很丰富，加勒比朗姆酒也很便宜。乔治·华盛顿甚至记录了自己著名的高纯度蛋酒的配方，但是他却忘记了记录确切的鸡蛋用量（厨师们估计需要用一打鸡蛋）。

> 一夸脱的奶油，一夸脱的牛奶，十二勺白糖，一品脱白兰地酒，半品脱黑麦威士忌酒，半品脱牙买加朗姆酒和四分之一品脱的雪利酒。先混合酒类，之后将蛋黄和蛋清分开，在蛋黄中加入糖，不断搅拌至混合均匀。然后加入牛奶和奶油，慢慢地搅拌。将蛋清打发[①]，然后慢慢拌入混合物中，将它放在凉爽的地方几天，不断品尝。

不同种类的蛋酒遍布世界各地，名称也有所不同。在波多黎各，*coquito* 是用鸡蛋和新鲜的椰子汁或椰奶与朗姆酒混合制成的。在墨西哥，*rompope* 加了肉桂和朗姆酒或谷物酒，并作为白酒啜饮。在秘鲁，*biblia con pisco* 是由秘鲁果渣白兰地——皮斯科白兰地（*pisco*）制成的，在节日庆祝活动中很受欢迎。荷兰提供的 *advocaat*（来自 *advocatenborrel*），是由白兰地、糖和鸡蛋制成的白酒。原产于越南的 soda sũa bôot gà，又称蛋苏打，是一种由蛋黄、甜炼乳和苏打水制成的甜饮料，在柬埔寨也有销售。来自波兰的 *kogel mogel*（意第绪语的 *gogel mogel*）由蛋黄、糖和用于调味的巧克力或朗姆酒等制成，在波兰很受欢迎，并且更适合做甜点而不是饮料。正如第三章提到的，zabaglione，也被称为 *zabayon* 和 *saboyon*，是用蛋黄、糖和马莎拉白葡萄酒制成的简单的意式奶油甜奶。eierpunsch（字面上意思是“鸡蛋打孔器”）是一种用蛋清、糖、白葡萄酒和香草制成的热饮的德文名，在德国和奥地利的大众圣诞市场上有售。*ponche crema* 是委内瑞

① 是一种烹饪方法，具体操作方法为充分搅拌较为黏稠的液体，使其充满气泡。通常用于黄油、奶油、鸡蛋。

拉的传统饮品之一，并用于庆祝纳韦德纳斯节日，基本上由牛奶、糖、朗姆酒、香料和鸡蛋制成。值得注意的是，食谱因地区的不同而异。*tamagozake*（翻译为“蛋清酒”）是在日本销售的一种由加热的清酒、糖和生鸡蛋组成的饮料。智者一言——每杯蛋酒含 400 卡以上的能量。无论你喜欢什么样的蛋酒，12 月 24 日是庆祝蛋酒的节日，称为蛋酒日。[3]

Lydia Maria Child 是浪漫小说和童书作家，同样也是废奴主义者报纸及宣传册的编辑，撰写了《美国节俭主妇》中“普通烹饪”（1829）那一部分。她建议将整个蛋（壳和全部）与咖啡放在一起（这是一种传统的斯堪的纳维亚的做法），在咖啡做好之前搅拌，以确保泡出更浓醇清澈的咖啡。她的煎饼食谱要求：

> 半品脱牛奶，三勺糖，一个或两个鸡蛋，一茶匙溶解的珍珠粉（一种不纯形式的碳酸钾和发酵粉的前体），加入肉桂或丁香，少许盐，玫瑰汁或柠檬白兰地，再搅拌面粉直至勺子难以移动。在煎锅里把油烧热，用勺子把油倒进去，将它们彻底煮至棕色即可。[4]

向面糊或甜点中加入 8 或 10 个鸡蛋是很常见的，所幸 1870 年特纳·威廉姆斯发明了手摇打蛋器（美国专利号 103811）——它的两个相互啮合的反向旋转的搅拌头是对只有一个搅拌头的早期旋转打蛋器的改进，为家庭主妇提供了极大的便利，备受欢迎。

德国移民为美国人带来了蛋黄酱——一种由油、鸡蛋、

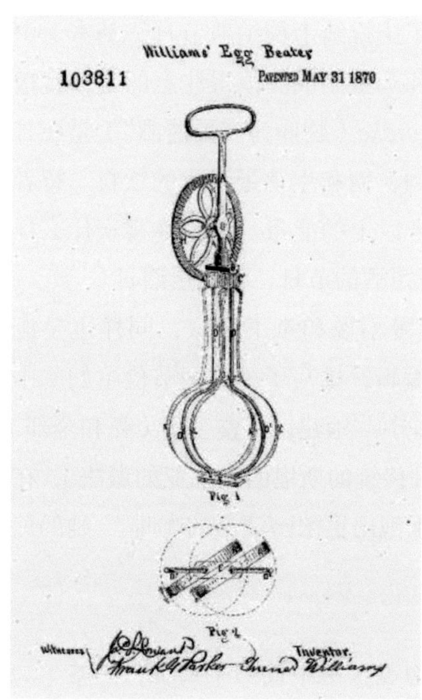

特纳·威廉姆斯在1870年发明了这款手摇式打蛋器。

醋、各种调味品和香料组成的乳状食品。1905年，理查德·赫尔曼在纽约开了一家熟食店，他妻子把蛋黄酱添加到沙拉和三明治中。这种做法很受顾客欢迎，于是他也把蛋黄酱装在“木船（用来称量黄油的一种工具）”里来卖。他用蓝丝带将一款蛋黄酱缠绕起来。这款蛋黄酱热销，于是赫尔曼在1912年设计出了今天蛋黄酱玻璃罐上的标志性蓝带标签。与此同时，赫尔曼蛋黄酱也在东部地区蓬勃发展。最好食品（Best Foods）股份有限公司向加利福尼亚州的消费者推出了蛋黄酱。当时赫尔曼和最好食品两个品牌都比较热销，1932年，赫尔曼和最好食品合并为联合利华（Unilever）。如今，这两家合并后的品牌在美国瓶装蛋黄酱销量中所占的比例约为45%，在英国则占到72%。

mayonnaise（蛋黄酱）最初叫作“mahonnaise”（美乃滋），但也有人认为，1841年初的一本烹饪书中出现的印刷错误导致了今天的拼写错误。1756年，Louis-Francois-Armand de Vignerot du Plessis公爵的私人厨师duc de Richelieu（1696—1788），为庆祝法国占领了西班牙米诺卡岛马洪市创造了一种食谱。除了作为一名技术娴熟的军事领袖外，这位公爵还因一个特殊的习惯而闻名，那就是邀请他的客人们光着身子去吃饭。这种胜利的盛宴需要一种由奶油和鸡蛋做成的酱汁，但厨房里没有奶油，所以厨师用橄榄油代替了奶油，从此开创了一种新的烹饪方法，并取名为“mahonnaise”。一些食品历史学家认为，蛋黄酱是通过向蛋黄中慢慢地加入油，同时大力搅拌以分散油制得。mayonnaise来源于古老的法语单词“*moyeunaise*”，或者“*moyeu*”（意思是“蛋黄”）。

赫尔曼蛋黄酱罐上的“蓝带标签”。

在中世纪的西班牙厨房里，出现了用不同的填充物填满鸡蛋的烹饪方法，这种方法后来传至意大利、法国、比利时、英国以及他们的殖民地。1857 年，哥伦布蛋出现在伊丽莎·莱斯利小姐的《伊丽莎·莱斯利的新食谱》一书中。在二十世纪早期，匈牙利人带着他们的红辣椒移民到美国。无论是过去，还是现在，都将红辣椒放在魔鬼蛋（也叫调味填充蛋）上面。从十八世纪中叶开始，“devilled”一词被用来形容辛辣的食物，到十九世纪晚期，不管有没有加馅，任何一种调味蛋都可以称为魔鬼蛋。在美国，魔鬼蛋可以是辣的，也可以是不辣的，甚至作为甜点的填充蛋白也符合俗语对魔鬼蛋的定义。填充蛋最早出现在十三世纪一位匿名作者的安达卢西亚食谱中。蛋黄与香菜（胡荽）、洋葱汁、胡椒和胡荽籽一起捣碎，然后与芥菜（一种由木瓜、核桃和蜂蜜制成的调味品）、油和盐一起搅打，填入挖出蛋黄后的蛋白凹窝中。填满后，用小棍将蛋白穿起来撒上胡椒。在大萧条时期，鸡蛋被提升为既营养又经济的蛋白质来源。1933 年 5 月 21 日，

撒有辣椒粉的鸡蛋。

总统和富兰克林·德拉诺·罗斯福太太在白宫吃了番茄浇汁的填充鸡蛋作为午餐。这道菜由康奈尔大学家庭经济学院准备，只需要 7.5 美分。总统给了这道菜“好评”。正如南方食品联盟的作者理查德·阿·布鲁克斯所言：“最先吃魔鬼蛋，把它当作开胃菜并不是对微生物的恐惧，而是担心这道菜会被食客们一扫而光。”

德尔莫尼科（Delmonico）餐厅是美国第一个公共餐厅，因本尼迪克特蛋而闻名。在二十世纪六十年代，餐馆的一位老主顾在午餐菜单上找不到她喜欢的东西，便叫饭店的厨师查里斯·瑞奥弗（Charles Ranhofer）给她做一道新颖的菜。瑞奥弗便想出了填充蛋这个点子，其至今都是流行的早餐和午餐选择之一。主厨瑞奥弗所著的《美食家》(拼错了她的姓氏)，在 1894 年出版，其中包括名为本尼迪克特蛋（Eufa à la Benedick）的食谱。

> 将一些松饼切成两半，烤至焦黄色，然后在两片松饼之间夹上一片八分之一英寸厚、与松饼直径差不多的圆形熟火腿，再夹一个荷包蛋，最后放在一个中等大小的烤箱里加热。在整个松饼上加上荷兰蛋黄酱。

1942 年 12 月 19 日，莱姆埃尔·本尼迪克特（Lemuel Benedict）[和拉克兰德·本尼迪克特夫人（LaGrande Benedict）并没有关系]在每周出版的《纽约客》杂志的“有关城镇的话题”专栏中对该食谱的起源提出质疑。他坚持说，1894 年，当他还是华尔街的一名经纪人时，因为宿醉他去了纽约的华尔道夫酒店。为了缓解不适，他点了一些黄油烤面包、脆培根、两个荷包蛋和一些荷兰蛋黄酱。华尔道夫酒店的大厨奥斯卡·茨基奇（Oscar Tschirky）对他所点菜的印象非常深刻，他把这道菜放在了他的早餐和午餐的菜单上，只不过是用加拿大培根代替了脆培根，用烤英格兰松饼代替了烤面包。乔治·雷克托（George Rector），另一位著名的纽约餐馆老板，对此事进行了最后的定夺。在他的本尼迪克特蛋食谱中，他注释到“好的荷兰蛋黄酱是你丈夫成功婚姻的证明”。

1971年，麦当劳的特许经营人赫伯·皮特森，基于一个“杰克盒”本尼迪克特蛋三明治想出了“鸡蛋松饼”的创意，它可以直接用手拿着吃，为这家连锁餐厅创造了提供早餐的机会。因为荷兰蛋黄酱水分过多，用事先包装好的荷兰蛋黄酱经过实验而被舍弃，后来皮特森把一块奶酪和一个荷包蛋放在一起，这样就搭配得很完美了。由于低温煮荷包蛋不符合麦当劳制作餐点的标准，皮特森发明了一种新型的烹饪工具——将一组六圆环放在烧烤架上，用来塑造跟英式松饼一样大小的煎鸡蛋。之后，把鸡蛋、松饼和加拿大烤培根搭配在一起。这个早餐项目于1975年在美国全国范围内推出，现

享受世界的每一天，麦当劳鸡蛋松饼是一个著名的美国人对鸡蛋做出的历史性贡献。

在是世界上最受欢迎的早餐食品之一。

几年前，出现在美食餐厅里的一个新颖且非常有影响力的技术是“慢煮鸡蛋”。起初，看到半透明的和几乎没煮熟的鸡蛋作为一道特色佳肴是非常奇怪的，但是顾客很喜欢这个烹饪奇迹。厨师 Viet Pham 和 Bowman Brown 在他们位于犹他州盐湖城的 Forage 餐厅用鸡肉、鹌鹑或者鸭蛋，实践了“慢煮鸡蛋”（软软的蛋白和流质的蛋黄）。这道特色菜是在一个低温的水浴锅里烹调成的，这个过程叫作“真空低温烹调法”。在桌上将装在一个碗里的烤鸡汤倒在鸡蛋上，就创造了一种新的蛋花汤。另一个鸡蛋迷是位于达拉斯诺娜餐厅的朱利安·巴索蒂厨师，他展示了什么样的鸡蛋才能被叫作“新鸡蛋”菜肴。他将带有只煎一面的荷包蛋的四色奶酪和家用香肠白披萨列为第一。他的菜单上还有 *sformatino*（意为小蛋奶沙司），——烤花椰菜上面放一个煎鸡蛋。他的意式馄饨里有意大利乳清干酪、甜菜和一个鸡蛋（蛋黄在馅料上诱人地散开）。他的塔加林（*tajarin*）是一种蛋的双重组合：自制鸡蛋通心粉，配上烟熏火腿（speck）和煎野生芝蔴菜（arugula），再配上两个两面煎的鹌鹑蛋。由于在美国越大越好，纽约派克艾美酒店（Le Parker Meridien Hotel）的诺玛餐厅最有名的可能是“亿万美元龙虾煎蛋饼”（Zillion Dollar Lobster Frittata），这是世界上用蛋最多的煎蛋卷。这道菜将鱼子酱和一整只龙虾包裹在蛋壳里，是大厨埃米利奥·卡斯蒂略（Emilio Castillo）的杰作。准备好 1 000 美元去享用它，或者花 100 美元享用比它小的一种。

有些人会不惜一切代价买一个鸡蛋。俄罗斯王室著名的珠宝商卡尔·费伯奇在 1885 年为沙皇亚历山大三世制作了一个纯白色的珐琅蛋，去送给他的妻子玛丽亚·费多罗夫纳。令她高兴的是，里面装着一个用金子做的蛋黄。蛋黄里面是一只金母鸡，坐在一窝金稻草上。在这只母鸡的内部是一颗微型的皇冠形钻石，藏着一个小小的红宝石垂饰。这一礼物开创了赠送奢华的鸡蛋来纪念重要节日的一种传统。过了大约 30 年，到 1917 年布尔什维克革命的开始，有大约 50 个独一无二的皇室鸡蛋被创造出来，鸡蛋外面镶嵌着最华丽的宝石。这些鸡蛋在革命期间消失了，但仍在世界各地的收藏家手中流转。费伯奇的半透明粉色鸡蛋在 2007 年以 18 500 万美元的价格售出，这无疑是有史以来最昂贵的鸡蛋。

纽约派克艾美酒店的“亿万美元龙虾煎蛋饼”。

著名的费伯奇法贝热彩蛋之一，只生产了大约50个。

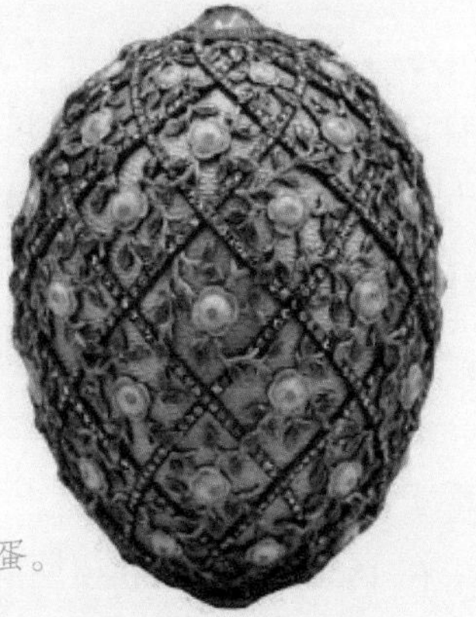

费伯奇玫瑰格子蛋。

5

小心轻放（运输鸡蛋的时候）

浓缩的都是精华。

——谚语

农业社会时期，世界各地的蛋鸡养殖方式主要是散养，并且随处产蛋，人们收集起来鸡蛋后很快就吃掉了。到了十九世纪初美国西部拓荒时期，现拾现吃的模式已不再适用。人们将鸡蛋放在玉米面中，以免在长途跋涉中鸡蛋被损坏。密西西比河沿岸的创业旅行者把鸡蛋装进含有猪油的桶里，这样鸡蛋就不会破了，当他们到达目的地后把鸡蛋和猪油都卖掉。

在 1850 年到 1900 年期间，鸡蛋和鸡肉产业都经历了难以置信的渐进性变革。中国放松了对出口的限制，为美国农民进口珍贵的亚洲鸡种开辟了道路，比如又大又漂亮的印度柯庆鸡（Cochin）。这些外来的品种引起了当时的“母鸡热”，蛋鸡的品种迅速发展，能产出更多更好吃的鸡蛋。实际上每一个美国农场都开始养鸡，收集鸡蛋来吃、卖或与邻居交易。小型蛋鸡场一般是由农夫的妻子负责收集鸡蛋。农妇会

腌咸鸭蛋。

把卖鸡蛋所得到的收入积攒起来，这一收入被称为“鸡蛋钱”。为了能攒更多的钱，农妇们经常采取一些措施来增加“窝内蛋”。她们把一个鸡蛋放在鸡窝里，这样可以鼓励母鸡去鸡窝产蛋而不在隐蔽处产蛋。

为了躲避偷猎者、掠食者和恶劣的天气，农民们建造了户外家禽棚来保护蛋鸡。由于蛋产量的增加并且要把蛋送到更远的市场，美国人在 1818 年发明了一个叫“史密斯恒温箱”的装置，并申请了专利。箱子里有电热风扇，用来使箱子里的每一个角落都保持温暖。直到 1844 年人们才用它来孵化鸡蛋、火鸡蛋、鸭蛋和其他蛋，它是当今高效孵化器的前身。[1]

加利福尼亚的佩特卢马（Petaluma）是当时世界上产蛋最多的地方。发明家莱曼·巴彦淖尔和牙医艾萨克·迪亚斯，在 1879 年发明了一种孵化器来加速孵化过程。迪亚斯获得了专利，但是在他于 1884 年死于一次狩猎事故之后，巴彦淖尔声称是他自己发明的孵化器。他的红木孵化器能够容纳 460~650 枚鸡蛋，孵化率为 90%。到 1888 年，他的佩特卢马孵化器公司的孵化器销售量达到了 1 000 台。到 1917 年底，佩特卢马孵化器公司已经运送了 1 600 万打鸡蛋，同一时期饲养 5 万只蛋鸡的科里斯农场（Corliss Ranch）成了当时世界上最大的蛋鸡养殖场。[2]

在 1890 年冷藏仓库出现前，鸡蛋一般放在麸皮或木屑等材料中，储存在阴凉处。但是这些材料的重量也给运输增加了额外的成本。为了使鸡蛋保鲜时间更长，农户将鸡蛋的气孔密封起来预防水分的流失。农户们尝试使用二氧化碳、仙人掌汁、肥皂和虫胶作为封堵材料，但最有效的材料是矿物油，并且至今还在使用。在二十世纪初，水玻璃（一种抗菌的硅酸钠溶液）被用于鸡蛋保鲜，可以将保鲜时间延长到 8~9 个月。为了解决运输过程中鸡蛋破碎该由当地农户还是旅馆业主负责这一争端，英国哥伦比亚的 Smithers 报社编辑约瑟夫·科伊尔在 1911 年发明了简易蛋托（即在英国众所周知的“蛋箱”）。这种简易蛋托可以使得鸡蛋竖立在独立小凹槽中，一盒有 12 个。

在第一次世界大战时期，美国政府鼓励人民为军队生产更多的鸡蛋。国防委员会通过威斯康星州立大学农业推广服务提出一个号召：“开始养鸡吧！山姆大叔（美国）的鸡蛋篮子很空，为什么不把厨房的残羹剩菜和花园里的剩余物变成新鲜鸡蛋呢？”，美国人响应了号召。在 1914 年，家庭主妇们编辑了一本战争年代的蛋类烹饪书，来帮助那些生病和受伤的士兵尽快恢复、重回战场。[3]

当鸡蛋价格从每打 30 美分飙升到 1917 年的 46 美分时，佩特卢马的成功得以延续，成为美国同等大小的城市中最富有的一个。在公共关系学家 H.W. ‘Bert’ Kerrigan 的协助下，佩特卢马被称为“世界鸡蛋首都”。这里和鸡蛋的关系如此密切，20 世纪 30 年代佩特卢马的居民被叫作“chickalumans”，是 chick+Pateluma 的合称（意思是鸡和佩特卢马人）。

1927 年 4 月美国《国家地理杂志》提到后院养禽人在战争结束后逐渐消失。机械化养殖逐渐取代了原有的养殖模式，使养鸡成为商业行为。鸡挽回了成千上万的中西部农民玉米歉收的局面，1.8 千克（4 磅）的母鸡每消耗 34~36 千克（75~80 磅）的饲料可生产 30 枚鸡蛋。企业家将蛋鸡养殖规模扩大到 400 只，鸡在户外活动，在鸡舍里栖息。体型大而具有攻击性的鸡在群体中有等级地位优势，能吃更多的饲料。鸡蛋的加工过程是劳动密集型的，等级区分和检测完全靠手工完成。每个鸡蛋都被放在照蛋器的光下进行检查，这个过程叫作照蛋。之后，鸡蛋才能被装在木箱子里运送到市场。

纽约的沙缪尔 · 麦耶菲尔德改进了 Coyle 的摆放方法，给蛋托加上带标签的盖子，6 或 12 个鸡蛋包装成一份进行销售。在伊丽莎白时期的英国，鸡蛋是成打卖的（一打为 12 枚鸡蛋），也许是为了纪念耶稣的 12 个门徒。但从包装实际角度来分析，这种规格也是合理的。人们还发现，鸡蛋竖着放置可以保存更久，所以普遍用蛋盒包装 6 枚或者 12 枚鸡蛋。

性别鉴定的方法，为整个家禽行业带来了根本性的变化，使农民只需要培育饲养青年母鸡。其实日本人很早就掌握了这种方法并一直这样操作，但是美国人并不给掌握性别鉴定技术的日本人签证。二十世纪三十年代，日本人在温哥华开了一所学校，Gladys Hansey 在此学校学会了该技术，然后她将该技术带回了佩特卢马：鸡饲养在室内的笼子里，以便区分每只鸡所产的蛋，然后将产蛋性能高的蛋鸡重点培育，逐步选育出高产蛋鸡。笼养鸡舍的发展使得鸡蛋的收集和清理更加简单，也使较小空间内可以饲养更多的鸡，从而提高了产蛋量。用人工照明模拟长时间自然光的照射可以提高蛋鸡产蛋量，用传送带分配饲料和收集鸡蛋可以节省时间和人力。

通过照蛋检查胚胎。

福特汽车公司用来运送鸡蛋的哈切·博奥哲卡车，华盛顿特区，约1926年。

第二次世界大战后，由于新技术的应用，传送带将鸡蛋运送到自动清洗机和分类机中，然后机器把鸡蛋装入纸箱中，最后冷藏车将鸡蛋输送到消费者手中。室内养殖提高了蛋鸡的健康程度和生产力。疫苗和抗生素的使用使发病率下降，舍内铁笼养殖和排风扇改善了蛋鸡的饲养环境。1947年上映的《鸡蛋与我》是一部根据贝蒂·麦当娜非常有趣的自传和畅销小说改编的电影，是对鸡蛋行业的微观分析。弗雷德·麦克默里饰演的退役士兵买下了一个乡下的旧鸡场，然后将城市长大的新婚妻子带到乡下创业。故事记录了他的农场从老房子到散养鸡舍的转变过程；后来，他买下了邻居的一栋有鸡蛋传送带、最新技术和设施的笼养鸡舍。

鸡蛋加工新机器

旧金山机械工厂发明了一种设计和操作新颖的鸡蛋加工机器，加工后的鸡蛋在冷藏条件下可以储存长达一年。这种机器包括数个在传送带上移动的蛋盘，将鸡蛋传送至热油浴。3 个操作员不停地忙碌，平均每小时能加工 76 件鸡蛋。

在这种新型高速加工机上，蛋盘在由电机驱动的无环链条上运至热油浴，然后小心打包。

1931 年，一种新的鸡蛋加工机器每小时可处理 76 个包装，让 3 个操作员忙个不停。

10 万只蛋鸡的养殖规模在美国商业农场中并不罕见，有的规模超过 100 万只。2.35 亿母鸡每只每年产 250~300 个未受精蛋。

母鸡将未受精的蛋（即未接触过公鸡的母鸡所产的蛋）产在特定的巢中，或者直接产在能让鸡蛋滚到传送带或斜槽的斜板上。然后，鸡蛋被保存在 4~7℃（40~45°F）且相对湿度较高的冷藏室内。鸡蛋被运送到具备最先进的计算机系统的机械化处理设施后，经过翻转、冲洗、声波裂缝检查、照蛋检查，按照美国农业部标准分级，按大小排列，装蛋，由机器人放入运输箱和冷藏车内。每天有上百万的鸡蛋在产蛋当天不需要经由人手处理就可以配送出去。

鸡蛋按照大小分级销售，在美国分巨大、特大、大、中、小、超小六种等级（欧洲分特大、大、中、小四种等级）。还根据鸡蛋的气室、蛋黄周围的蛋白清晰度和大小等指标评定等级。AA 级和 A 级鸡蛋用于零售，而 B 级做成蛋液配送到面包店、食物服务机构或巴氏灭菌工厂。在巴氏灭菌工厂蛋液会在灭菌装置中被超高温加热一秒。自从 1970 年美国国会通过了蛋制品检查法案以来，所有在美国销售的蛋制品需要事先经过巴氏灭菌杀灭沙门氏菌后才可以出售。每年消费的 780 亿个鸡蛋中，有略高于 30% 的鸡蛋被加工成液体、冷冻或者进行干燥处理。农业研究服务中心（Agricultural Research Service，ARS）的科学家们最近提交了一份关于十字流微滤膜分离的专利，可以保证巴氏灭菌鸡蛋液的食用安全性。这比加热灭菌去除病原体更为有效，而且还不影响鸡蛋的起泡、凝结和乳化等性质。这种方法可以替代巴氏灭菌法，使鸡蛋能更安全地被用在蛋糕和其他蛋制品中。然而，新的膜技术并不是要取代传统的巴氏灭菌法。这两种方法一同运用效果最好，可以显著减少鸡蛋制品中的病原体。

西蒙佛尼信息研究公司在整个美国的跟踪扫描数据显示：散养鸡蛋只占到了美国零售鸡蛋的 2%，而有机 / 放养的鸡蛋只占到零售鸡蛋的 1%。鸡蛋的生产商同时制造更加昂贵的特色鸡蛋，包括只用植物性食物饲喂母鸡得到的素食蛋；用最少量的杀虫剂、杀菌剂、除草剂和化肥所生产的饲料饲喂母鸡得到的有机蛋；母鸡只在谷仓散养得到的散养鸡蛋；母鸡在户外生活或者每天能够到户外活动得到的自由放养鸡蛋；放在温水中灭菌，并且给蛋壳上蜡防止交叉污染的带壳巴氏灭菌鸡蛋适合提供给需要生鸡蛋的医院和疗养院；富含 ω-3

不饱和脂肪酸、维生素 E（这对于那些不常吃鱼的人是个不错的选择）和叶黄素（可减少黄斑变性风险，黄斑变性是导致 65 岁及以上人群失明的主要原因）的营养富集蛋。此外，受精的鸡蛋用来制作多种疫苗（包括流感疫苗），也是纯化蛋白质的一种来源。一些民族认为受精蛋更加美味，但是我们在超市里买到的鸡蛋通常是未受精的。[4]

一个现代化的鸡蛋工厂。

从下方照蛋，检查胚胎。

鸡蛋按照半打或者一打来卖对于鸡蛋商来说是十分有利的，因为这样的话鸡蛋包装盒的标签比其他食品的要大，可以标注很多涉及消费者和行业的信息，包括动物福利、食源性疾病和营养含量。标签上还可以添加一些描述，诸如“自由放养”“素食喂养”“散养”“含有维生素 E 或 ω-3 不饱和脂肪酸”等，蛋壳上也可以印上保质期和公司标识等。[5]

从食品店买来的鸡蛋已经经过了清洗、消毒，并且涂上了一层无味的矿物油来保护外壳。保质期十分重要，如果把鸡蛋从包装中拿出来保存在冰箱的敞口鸡蛋柜中，就需要重新计算鸡蛋的保质期。每次打开冰箱时鸡蛋容易产生温度波动，使得病原体增殖到不健康的水平。如果你不确定鸡蛋是否新鲜，就可以打开看一看，如果蛋白看上去是不透明的白色，那么它是新鲜的，如果是粉白色的，就说明鸡蛋变质了，不可食用。正如随笔作家、评论家和作家亨利·詹姆斯（1843—1916）简洁地指出的，“看起来似乎很新鲜的鸡蛋不一定是真的新鲜。”

沙门氏菌的丑恶面目

在世界范围内，90% 的鸡场使用铁笼来饲养母鸡，而这是鸡养殖中最有争议的做法。尽管可以使鸡蛋价格保持在低水平，将母鸡拥挤在 309~432 厘米^2（48~67 英寸^2）的笼子里的养殖方法正受到越来越多的抨击。在二十世纪九十年代，人们发现一种新的细菌——沙门氏菌（SE）能够定殖在母鸡体内并能转移到鸡蛋中。每年约有 230 万个鸡蛋被沙门氏菌污染，这涉及母鸡和人类健康问题。鸡蛋行业回应大众的批

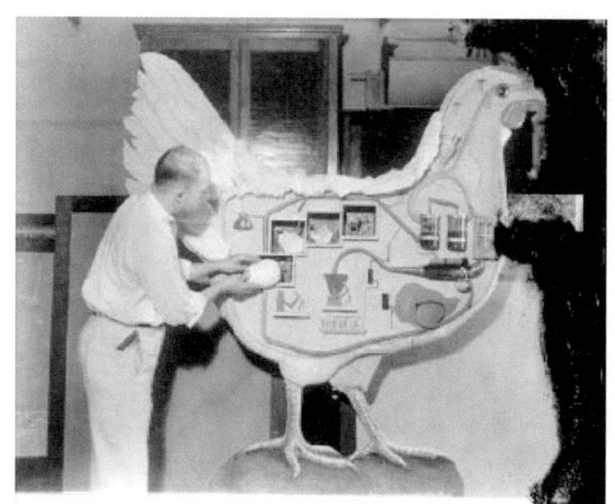

鸡蛋是如何形成的，20 世纪 50 年代。

评：消费者平均每 84 年才会遇到一个受污染的鸡蛋；一位评论家则认为发生车祸的概率大于因吃鸡蛋而生病的概率。

这或许是一个令人信服的理由，但鸡蛋销量仍达到历史最低。当鸡蛋行业清理货仓及整顿其形象时，克林顿任总统时的政府成立了总统食品安全委员会，以使美国人免受食源性疾病的影响。同时鸡蛋安全工作组委员会则开展消灭鸡蛋中沙门氏菌的计划，包括使用益生菌（有益细菌）饲料，以提高鸡群对沙门氏菌的抵抗力。2002 年 1 月，FDA 和 FSIS 为鸡蛋和蛋制品制定了一个从农场到餐桌的食品安全战略。

一些消费者对鸡养殖业的过度工业化感到不安，他们更愿意买那些有足够运动空间，食用有机饲料、二十二碳六烯酸和 ω–3 脂肪酸的鸡所下的蛋，即便它们价格更高，因为他们觉得这些鸡蛋含有更高的营养成分。规模较小的自由放养和有机饲养的方式在美国和欧洲已经卷土重来，为每只母鸡提供至少 432~555 厘米^2（67~86 英寸^2）的空间以取代常规笼养。美国计划建立一个新的标签系统，将鸡蛋分为四种类型：笼养鸡蛋、足够空间的笼养鸡蛋、散养鸡蛋和自由放养鸡蛋。目前欧盟正在逐步淘汰笼养系统，瑞士法律要求所有的母鸡都能自由到户外活动。

大型食品公司通用磨坊承诺采购 100 万枚非笼养鸡产的蛋，用于欧洲的哈根达斯（Häagen-Dazs）冰淇淋产品中。在美国，联合利华的 Hellmann’s Light 蛋黄酱是由散养鸡蛋制成的，大型零售商沃尔玛的品牌鸡蛋也已换成散养鸡蛋。快餐连锁店汉堡王、温迪、考克斯诺斯和卡尔·卡切餐厅都采用了一些散养鸡蛋。赛百味（Subway）餐厅表示，未来所有的鸡蛋都将使用散养鸡蛋。美国的麦当劳虽然还没有使用散养鸡蛋，但欧洲的麦当劳已经使用。

6

先有鸡还是先有蛋?

> 今天的鸡蛋比明天的母鸡好。
>
> ——本杰明·富兰克林

信从圣经的基督徒认为鸡是在蛋之前出现的。“有晚上,有早晨,是第四日。神说,‘水要多多滋生有生命的物,要有雀鸟飞在地面以上,天空之中。’”(创世纪 1:19–20)。

而其他人有不同的观点。尽管流传有许多神话传说和历史故事,但可以确定的是,鸡和蛋都比人类出现得早。长期以来人们认为恐龙、鳄鱼、爬行动物与当今鸵鸟还有鸡之间存在进化关系,最近,北卡罗莱纳州对一种从 6 800 万年前的霸王龙化石中提取的蛋白质进行了研究,证实了这种进化关系。根据食品科学家哈罗德·麦基(Harold McGee)的说法,“蛋早在鸡出现之前就存在了”。

第一批卵在海洋中被排放、受精和孵化。大约 2.5 亿年前,最早的全陆生动物——爬行动物进化产生了一种有坚韧表面的蛋来防止水分流失。大约

> 1亿年后鸟出现了，鸟蛋可以说是鸟类在繁殖上对陆生生活的精妙适应。因此蛋比鸟早出现几百万年。[1]

另一个明确的答案存在于食物历史中。许多人认为蛋是先出现的，因为在公元前5世纪，当鸡到达希腊和意大利时，人们就已经发现鹅、鸭和珍珠鸡能够产蛋并且孵蛋了。虽然这些早于鸡蛋出现的蛋通常会被吃掉，但它们也有其他用途。孵出的小鸡为了娱乐观众而被训练互相争斗，并被用于一些预言未来的仪式上。英国作家兼诗人塞缪尔·巴特勒（Samuel Butler）（1835—1902）指出，“鸡只是蛋产生另一个蛋的方式”。因此，根据他的逻辑，蛋早在鸡出现之前就存在了。另一种解释是，一只鸡形成于蛋中并从蛋里出生。因此，“没有鸡蛋，鸡就不可能存在”，这是一个令人信服的论据。

“从蛋变成鸟是很难的，更加可笑的是从蛋开始就学习飞行”，英国学者、作家克莱夫·斯台普斯·路易斯曾说过，“我们现在就像鸡蛋一样，但我们不能永远做一个普通的、体面的蛋，要么破壳而出，要么腐烂死亡。”父母往往倾尽全力防止他们的孩子“变坏”。非洲布基纳法索的莫西因为担心孩子会变成小偷而不让他们吃鸡蛋。这个想法并不是说“一个今天偷蛋鸡的人将来肯定会偷牛”，而是“偷一个鸡蛋的人实际正在偷一只鸡”。

为了解决鸡和鸡蛋的争论，由诺丁汉大学进化遗传学专家约翰·布鲁克菲尔德教授组成的专家小组、伦敦国王学院的哲学家大卫·帕皮诺教授和家禽农场主查尔斯·波恩斯推断出先有蛋再有鸡。简单地说：遗传物质在动物的一生中不会改变。因此，大概在史前时代，进化成为我们称之为鸡的第一只鸟必须先作为胚胎在鸡蛋里面。布鲁克菲尔德还告诉我们，群体中啄食等级制度是明确的，蛋壳内的生物体有着与鸡一样的DNA，“因此我们可以毫不含糊地说鸡的第一个生命体是蛋”。帕皮诺赞同布鲁克菲尔德的观点并指出，第一只鸡是从蛋中来的，证明是先有蛋再有鸡的。他还说，人们认为变异的蛋是“非鸡”的鸟类所产是错误的。他认为，如果鸡蛋里有鸡，那就是鸡蛋。“如果袋鼠产的蛋孵出了一只鸵鸟，那这个蛋肯定是鸵鸟蛋而不是袋鼠蛋。”波恩斯坚定地支持鸡蛋早于鸡：“蛋早在第一只鸡出现之前就已经存在了，但它们可能不是我们今天看到的鸡蛋，但它们是蛋。”

2011 年在洛杉矶举行的第 53 届格莱美音乐奖颁奖典礼上，嘎嘎小姐从一个半透明的鸡蛋中“孵化”出，以演绎她的歌曲 *Born This Way*。

希罗宁斯·博世，蛋中的音乐会，约1561年。

鸡蛋的形状体现了生命的本质。从古至今，人们都相信：鸡蛋具有神奇的功能，不仅有创造生命的力量，也能预测未来。鸡蛋象征着出生、长寿和不朽，也被认为有确保生育的能力。古人认为宇宙是从一个叫作宇宙或世界的蛋中孵出来的。根据印度教的经文，世界是从一个漂浮在混沌水域的天鹅下的蛋开始的。一年后，鸡蛋分成银和金两半。银成为大地，金成为天空。山脉由外膜形成，云和雾由内膜形成。河流由静脉形成，海洋由鸡蛋内部的液体形成，太阳从鸡蛋中孵化出来。因此，鸡蛋代表了四种元素：蛋壳—土；蛋白—水；蛋黄—火；蛋壳的顿端—空气。[2]

印度教的典籍记载，生主以强大的精神之力在原始的水域中产下了一枚金蛋，梵天从这一金蛋中迸发而出，之后创造了大陆、海洋、山脉、行星、神、恶魔和人类。在11世纪，印度诗人苏摩提婆写道，湿婆从一滴血中创造出了世界，这滴血跌入了原始的水域就形成了鸡蛋，从蛋中出来的是最高的灵魂——神我，天地从他的两只眼睛里显露出来。

泰国寺庙里的梵天像。相传，梵天从一只金蛋中孵化出来。

在中国送给新父母的红鸡蛋。①

根据中国古代神话的说法，一个蛋从天上掉下来，漂浮在水面上，第一个人从那个蛋里跳了出来。公元三世纪时，中国的《三五历记》中描述了天地混合就像一个鸡蛋的内容物，称为“混沌”。18 000 年后混沌被打破，光明部分创造了天空、黑暗部分创造了大地。在汉代，天文学理论告诉我们，天空的球体包围着地球，就像鸡蛋的蛋黄完全被蛋壳包围一样。今天，当一个婴儿在中国出生的时候，家里会用红鸡蛋和生姜办聚会。新父母会送一篮子红鸡蛋* 给他们的家人和朋友庆祝孩子的出生，8 个或 10 个鸡蛋意味着生的是一个女孩，9 个或 11 个鸡蛋表明生的是一个男孩。大家必须接受庆生会的邀请，给新生儿一个鸡蛋将会给他（她）带来好运。鸡蛋也被用于中国的葬礼，作为死后生活的象征以及旅程的食物。中国人认为鸡蛋是财富的象征，因为黄色的蛋黄就像一枚闪亮的金币。出于这个原因，中国年夜饭会用一道金蛋黄来代表富裕。

① 原文如此。

根据八世纪的日本历史书 *kojiki Nibonsboki* 中记载：

> 从前天地还没有分开，阴和阳并未分裂。它们形成了像蛋一样的一团混乱物质，界限模糊，包含生命萌芽的物质。其中纯净清澈的部分渐渐上升形成了天，较重、较大的元素逐渐聚集形成了大地。较轻、较细的元素很容易结合成为一个均一的整体，较重、较大的元素结合的时候有一定的难度。所以天先形成，随后地逐渐形成。从此，他们之间孕育出了神。

夏威夷人认为，一只名叫唐加罗瓦的鸟产下了创世之蛋。当蛋壳破碎的时候，天空和大地就形成了。他们的邻居萨摩亚群岛和三明治群岛人说，他们的群岛是由同一个蛋壳碎片形成的。萨摩亚人认为，萨摩亚的神明坦罗阿 - 兰吉是由一个蛋孵化出来的，南太平洋的萨摩亚群岛是由这个蛋的壳的碎片创造出来的。同样，芬兰的传奇故事中也讲道：芬兰万神殿的首席神乌戈派短颈野鸭在大海之母膝盖上筑巢。野鸭破碎的金蛋形成了大地和天空。格陵兰岛因纽特人认为，这个世界就像一个蛋。他相信蓝色的天空在地面上方延伸，就像个鸡蛋壳绕着北极的一座高山旋转。古埃及人相信大地之神给布和天空女神奴特创造了一个蛋，从中诞生了大地和天空。

根据意大利传说，那不勒斯是公元前 511 年基于鸡蛋建立的。后来，维吉里乌斯被要求用鸵鸟蛋把城市从诅咒中解救出来。这座城市的命运危在旦夕，鸵鸟蛋被密封在一个玻

含有金色蛋黄的月饼是中国人过中秋节时不可缺少的食物。

璃容器中，用银丝悬挂在笼子中，这样可以让城市的城墙永远不受侵犯。维吉里乌斯警告人们，如果鸵鸟蛋被打破，那不勒斯就会沉入海中。那个鸵鸟蛋现在被收藏在一个堡垒中，被称为“*Castrum Ovi*”（蛋的城堡）。从那时起，许多国家的人们建房子前在底下放鸡蛋来保护自己的房子，例如荷兰、法国、德国、意大利和英国。

苏联作家斯拉瓦·扎伊采夫，1967 年在一篇文章《来自外太空的访客》中提出了一个理论“神仙蛋”，认为古代的人曾经看见天上掉下的一个蛋形容器中有一个人。当然，没有确凿的证据可以证明这一点，但是这可作为人们思考鸡蛋属性时的精神食粮。或者，如果你是一个怀疑论者，可能会得到“许多人就像鸡蛋，他们把自己装得太满了，不能接纳其他东西了”这样的结论。

美国小说作家舍伍德·安德森（1876—1941）在一个养鸡场长大，他想知道为什么会有鸡蛋，鸡蛋为什么会变成母鸡，为什么母鸡又下蛋重复这个过程。在他的短篇小说《鸡蛋的胜利》中写道：“这个问题融入了我的血液。”

> “这个问题一直存在于我的脑海中，就像我是父亲的儿子。无论如何，这个问题在我脑海中仍未解决。至少对于我们家来说，这是鸡蛋最终的胜利。”[3]

我们可能永远不知道鸡和蛋哪个先出现，蛋只是一个蛋，知道这个就足够了。

7

从一枚鸡蛋孵化世界

> 信仰就是把你手中的所有鸡蛋放在上帝的篮子里，然后在它们孵化前祝福它们。
>
> ——雷蒙娜·C·卡罗尔

在基督教时代之前，人们给鸡蛋上色、祝福，然后进行交换，之后吃掉，这是春之祭的一部分。早期文明就已经有迎接春天的节日了，太阳从漫长的冬眠中升起，代表生命的新生。庆祝活动每年两次，分别在春分和秋分举办，这时太阳穿过赤道，各地昼夜平分。在春分（大约 3 月 21 日）当天，据说鸡蛋可以用它小的一端立住。在早期的基督教中，蛋是重生的象征。随着基督教的传播，蛋成为基督从坟墓中复活的象征。

欧洲中部的国家有装饰复活节彩蛋的传统。波兰人和其他斯拉夫人用蜡笔或手写笔在鸡蛋上画线，创造出奇妙复杂的图案，蘸上颜色，上述过程重复多次制作出真正的艺术品。传统上，图案中的每个点和每条线都有特殊意义。南斯拉夫的复活节彩蛋上有“XV”，意思是“基督复活”（Christ is Risen)，这是传统的复活节问候。在沙皇统治期间，俄国人用复活节面包和其他特殊的食物来庆祝复活节，并且相互赠送有装饰的鸡蛋，这一传统甚至延续至今。在德国和其他中欧国家，人们在不打破蛋壳的情况下把复活节彩蛋的内容物清除。在这些空的鸡蛋壳上画画，并用一些花边、布条或丝带装饰，然后用丝带将它们挂在一棵常青树或者无叶的小树上。在复活节前的第三个星期天，摩拉维亚村的女孩们带着一棵用蛋壳和鲜花装饰的树挨家挨户地串门，以此祈求好运。蛋壳树是德国移民者带到美国的复活节传统之一，它对在宾夕法尼亚的荷兰人来说尤为重要。复活节兔子给好孩子送漂亮彩蛋的故事也是德国人带来的。

圣灰星期三[也就是所谓的Shrovetide(忏悔节)，由古英语“shrove”一词延伸而来，意思是“坦白”]，之前的星期一和星期二，按照传统是家家户户“春季大扫除”的时间，既是为大斋节和复活节前的40天的斋戒做准备，也是灵魂的忏悔。“忏悔节”是“Carnival”(“狂欢节”)的最后两天，这是一个非正式的时期。Carnival来源于拉丁语*carnelevare*一词，指的是大斋节的“告别肉食”，大斋节是在“赦免星期二”之后的“圣灰星期三”开始的。天主教徒要在他们可以把他们的喜悦情绪清除以为忧郁的大斋节做准备时才能吃东西。周二的忏悔节是一个特别大的聚会日，被称为“Mardi Gras”(法语为“油腻星期二”)，也称为“薄饼星期二”，因为在大斋节之前，鸡蛋和黄油之类的脂肪类食品必须被吃掉。做薄饼或华夫饼是利用这些食物的传统好方法。大斋节后的鸡蛋会被煮熟、装饰，并作为礼物在复活节送给人们——这是给人们在漫长的斋戒之后的奖励。复活节彩蛋不仅用于庆祝斋戒的

中欧地区装饰精美的复活节彩蛋。

赛德盘上的贝兹（烤鸡蛋）。

结束，还代表了将人类性行为与春植联系起来的异教徒的基督教化仪式。

为了庆祝犹太奴隶从法老拉美西斯统治的埃及成功逃亡，犹太人举行持续八天的逾越节。按照惯例，在头两天晚上，朋友和家人聚在一起举行逾越节家宴——赛德（Seder），宴会上最突出的是赛德盘。赛德盘上放着逾越节的标志性食物，放在一家之主前面。除了无酵饼、鸡腿和苦菜，还有贝兹（烤鸡蛋）。这样的鸡蛋通常是用熟鸡蛋在烤箱里烘烤，直到壳变成棕色。它象征着在圣经中的耶路撒冷的圣殿里所做的祭典，代表着生命的循环。

说起生育能力，埃及人会把鸡蛋挂在寺庙里来祈祷他们儿孙满堂，尼禄大帝（古罗马暴君）的王妃维利亚听说：如果用自己的胸去温暖鸡蛋，孵化出的小鸡的性别会预示着她即将出生孩子的性别。结果，一切都如传说所预言的一样——提比略大帝诞生了，正如传说中老妇人的故事一样。拉丁美洲人也认为鸡蛋是生育和繁殖的护身符，而法国的新娘们会在跨过新房的门槛时打碎鸡蛋，来祈祷能有许多健康的孩子。鸡蛋也会出现在情人们的购物清单上。1907 年，爱经圣典协会出版了奈夫·扎威创作的理查德·伯顿爵士翻译的著名作品《怡神的香园》，书中推荐一些特殊的食物作为催情剂，奈夫·扎威认为：

> “把芦笋煮熟后用油炸，接着把蛋黄和调料倒在芦笋上面。每天吃这道菜可增强性欲”。

在菲律宾民间传说中，男人和女人都是从 limokon 的蛋里孵出来的，limokon 长得像鸽子，却会说人话。在梅奥河口，limokon 的蛋孵化出了一个男子；一天，这个男子穿过了河，发现了一根头发，于是他顺流而上，发现那个在上游的女人。在希腊神话中，宙斯变成了一只天鹅诱奸了勒达，后来勒达的蛋中孵出了双子座两兄弟波利克斯和卡斯托。艺术家莱昂纳多·达芬奇和科雷乔作品描绘了天鹅与勒达邂逅的场景，现代主义文学的经典诗歌之一就是威廉·巴特勒·叶芝的《勒达与天鹅》。

在美洲，鸡蛋的神话也广为流传。北美瓦霍人的“大山狗”是从蛋中孵化出来的。秘鲁人相信，在造物水退去后，有五个蛋留在了山顶上，印加英雄帕里卡卡就是从其中一个蛋中孵化出来的。玛雅人坚信，蛋可以保护人们不会被邪恶之言诅咒。药师会用鸡蛋在被蛊惑的人面前来回移动。然后把鸡蛋打碎，鸡蛋黄会被当作是邪恶的眼睛，需立刻把它埋在一个秘密的地方，这样才能将那个被施咒的人治愈。

公鸡清晨的打鸣和母鸡下蛋的时间是规律的，因而，中国人将家禽描述成“能够感知时间的动物”。古代中国人用盐和湿黏土，煮熟的米饭、盐和石灰，或者盐和草木灰与茶水混合的物质包裹鸡蛋，这样能储存好几年。这些蛋的蛋黄是灰绿色的，蛋清是棕色果冻状，虽然这些鸡蛋和我们今天吃的新鲜鸡蛋完全不同，但中国人吃了以后并没有出现任何不良反应。中国人和南亚的一些部落也用鸡蛋或鸭蛋来占卜未来：在画完鸡蛋后，他们把鸡蛋煮熟，然后观察裂缝中的图案；分离蛋白和蛋黄，将蛋白倒进热水中，通过观察煮熟的蛋白形成的形状预知未来。

希腊人认为鸡蛋能保护人们不被闪电伤害。在法国上阿尔卑斯省，鸡蛋能够抵抗疝气。在法国梅茨，用一个鸡蛋就可以找出一个可疑的巫师，弗朗什－孔泰大区鸡蛋可以防止跌倒。

整个欧洲都把在复活节前的星期五或复活节当天下的蛋埋在地里或花园里来保护蜂箱。斯拉夫和德国的农民过去常在犁上涂上蛋液，以确保良好的收成。即使在今天，希腊人也会在复活节时用红色的水煮蛋来敲击另一只，直到最后剩下一个未破碎的鸡蛋（诀窍是用你的手指尽可能多地保护鸡蛋），获胜者将会在一整年都有好运。

鸡蛋能给所有年龄的人带来欢乐。美国在白宫草坪上滚彩蛋的传统是十九世纪初由第一夫人多莉·麦迪逊发起的。[1] 在英格兰和苏格兰，孩子们将鸡蛋滚下坡，最后鸡

白宫复活节滚彩蛋活动，1929 年。

蛋没有破碎的孩子获胜。在一个更复杂的滚彩蛋游戏中，玩家只能用鼻子将彩蛋推到终点。在欧洲，用纸板扇或者嘴吹的方式将空蛋壳运送到终点线的比赛很受欢迎。因为鸡蛋的形状并不是完全的球形，所以赢得比赛并不像看起来那么容易。在英国一些乡村，孩子们仍然玩着一种叫作“pace egging”的古老游戏，这个名字来源于“Pasch”。“Pasch”在欧洲多数国家的意思是复活节，起源于希伯来语的逾越节“Pesach”。就像万圣节不给糖就捣蛋的人们一样，参加这个游戏的人会穿上特制的服装或者有彩带或亮丝带装饰的衣服挨家挨户地串门。他们在脸上涂上黑色染料或者戴上面具，一边唱着歌、表演短剧，一边索要复活节彩蛋，人们要么给他们彩色的煮熟的鸡蛋，要么给他们糖果和小硬币。寻找彩

巴拉克·奥巴马参加一年一度的白宫复活节滚彩蛋活动，2009 年。

在墨西哥，用装满 *PICA-PICA*（或彩纸）的空蛋壳来庆祝复活节。

蛋是复活节早晨的传统习俗，这时孩子们会在房子和花园里寻找彩色的或者有装饰的蛋。大一点的孩子喜欢玩扔鸡蛋游戏：排成两排，同伴面对面站立，相互投掷一个生鸡蛋。如果对方接住了，两个人会后退一步，难度加大，最后鸡蛋没被打破的人胜出。

在墨西哥用装满彩纸的鸡蛋壳来庆祝复活节和宗教节日。孩子们相互在头上砸碎装满彩纸的蛋壳并且许愿。如果蛋壳被打破了，其中的彩纸撒在了孩子身上，他或她的愿望就能得以实现。在十六世纪和十七世纪的荷兰，酒馆或喧闹的乡村婚礼中会举行鸡蛋舞会。表演者们在地板上一个用粉笔画的圆圈里围着一个鸡蛋跳舞，鸡蛋四周环绕着鲜花和蔬

Peter Aaertsen，蛋舞，1552 年。

菜。跳舞者不能弄破鸡蛋，这本来对清醒的人就很有难度，当人们喝醉了便会产生更多的欢乐。

七世纪的印度，鸡蛋被用作一种建筑材料。在玛玛拉普兰姆遗迹的灰泥中添加了鸡蛋，使墙壁能够透气透水。蛋清是一种强凝性水溶性蛋白质，应用于黏合剂和清漆中。蛋清也被用于菲律宾教堂墙壁的建设。有记载显示，在 1780 年，马尼拉大教堂的穹顶用一层石灰、砖粉、鸭蛋和竹汁的混合物封顶。由于数以百万计的蛋清被用于建造教堂，菲律宾的妇女巧妙地将蛋黄加入她们新获得的西班牙食谱中。这些仍保留着西班牙名字的大部分食物至今仍受欢迎。

儿童图书插画，约 1950 年。

情人眼里出西施

在中世纪的俄罗斯，圣像画家用手指把颜料和蛋乳液混合调匀，创造出蛋彩。将蛋黄与蛋清分离来制作蛋乳液。鸡蛋壳打破后用一只手托住从蛋壳中流出的鸡蛋黄，让蛋清顺着手指的缝隙流下。将蛋黄从一只手转到另一只手，在每次接蛋黄前要把手弄干。待蛋清流尽之后，把蛋黄捏破让其流入一个装有蒸馏水或凉白开水的碗里——蛋黄与水的比例是1∶2。滴加一至两滴醋在里面，然后边用力搅拌边加入颜料，如果用跑气的啤酒代替水也可以得到好的蛋乳液。圣像最初只用于宗教游行和教堂。从十五世纪开始，随着社会的日益繁荣，个人可以拥有圣像，他们把宗教的圣像放在房间的一角或床头，这一传统在许多国家延续至今。

希腊语 icon（肖像）的意思是图像。肖像是用多层蛋彩画颜料在木头上画出的，以创造色彩的深度。图像不是以其自然形式表现出来的，而是以拉长比例的二维天堂形式呈现的体形。

蛋黄在两千多年的历史中一直被用作固定颜料的介质，平添了我们对艺术的享受。蛋彩画可以追溯到古埃及人和希腊人，在拜占庭帝国（公元 400—1202 年）存在的最后一个世纪被画家完善。蛋彩画在文艺复兴早期的艺术家的手中蓬勃发展了大约 200 年，其中最著名的例子之一是桑德罗·波提切利 1482 年创作的《春》。所有的美都是用鸡蛋完成的。[2]二十世纪著名的罗马尼亚雕塑家布朗·库西称鸡蛋是“最完美的创作形式”，传说他放弃了雕塑，原因是他不能创作出比鸡蛋更完美的东西。

汉普蒂·邓普蒂（Humpty Dumpty），① 是文学作品中最具代表性的人物之一。在刘易斯·卡罗尔 1871 年圣诞节出版的《爱丽丝漫游奇境记》的一幅插图中有汉普蒂·邓普蒂，在

刘易斯·卡罗尔的《爱丽丝漫游奇境记》（1871）插图中的汉普蒂·邓普蒂，是文学中最具代表性的人物之一。

① 童话中从墙上摔下跌得粉碎的蛋形矮胖子。

约翰·丹尼尔充满哲学色彩的逼真的插图中，汉普蒂就像一个胖乎乎的鸡蛋。

“*Humpty Dumpty*”这个歌谣已经有几个世纪的历史了，类似的版本有法国的“*Boulle Boulle*”以及瑞典的“*Lille Trille*”，而“*Humpty Dumpty*”这个词至少有两个意思：一个是十六世纪的术语，指的是用白兰地和啤酒制成的饮料；而在十七世纪，它是英语俚语，用来形容一个矮小、全面、笨拙的人——那种可能会从墙上掉下来的人，就像歌谣里讲的一样：

> Humpty Dumpty 坐在墙头上，
> Humpty Dumpty 跌了大跟头。
> 所有马匹和子民，
> 都不能再将它复原。

那么，Humpty Dumpty 的意思到底是一个笨拙的人，一个蛋，还是别的什么东西？有几种理论，但在民俗学家和历史学家中最受欢迎的理论认为 Humpty Dumpty 是英国内战时期（1642—1649）保皇派军队保卫科尔切斯特的大炮。这一武器安装在圣玛丽教堂的塔上，由一位名叫杰克·汤普森的独眼保皇派枪手操作，并成功地阻止了国会议员和圆颅党的战争，后来武器被直接击中从塔上坠落。尽管保皇派的骑士试图把 Humpty Dumpty 安装到另一个地方去，但大炮太重了，国王的马（骑兵）和国王的士兵（步兵）都不能再把它放回去，而这个具有战略意义的重要小镇最后也沦陷在圆颅党人手中。[3]

在《爱丽丝漫游奇境记》中，汉普蒂对爱丽丝说：“当我用一个词的时候，它的意思就是我表达的意思，不多也不少。”换一个说法，汉普蒂的意思是：“我是谁？你想要我是谁，我就是谁。”

在叛乱时期，用鸡蛋作为武器是一种自救方式。在中世纪，人们向敌人和盗贼扔臭鸡蛋。在十八世纪的英国，人们经常向政治和宗教敌人投掷鸡蛋。1919 年，人们喊着“上帝保佑国王”的同时愤怒地向组织从英国独立运动的南非领导者们扔臭鸡蛋。鸡蛋也被用作语言武器。爱尔兰小说家、剧作家、评论家奥斯卡·王尔德（1854—1900）以其智慧和讽刺而闻名，他最喜欢的无情地批判他的作品的俏皮话之一是：“我一生中见过很多煮硬的蛋①，但你是煮了 20 分钟的那种。”在保罗·纽曼的电影《铁窗喋血》（1967）中，最令人难忘的一幕是一场吃鸡蛋比赛。主角卢克是一名南部的囚犯，打赌能在一小时内吃 50 个熟鸡蛋。通过训练自己的胃，在它能够适应快速进食后完成了这项挑战，然而这并不是一个理智的做法。

在世界范围内，高智商的人被称为“egghead”，他们有聪明的象征——大脑袋和高额头。即使在今天，新的蛋神话仍在出现。由恐怖电影明星文森特·普莱斯扮演的恶棍 Egghead 是二十世纪六十年代蝙蝠侠系列电视剧创造的人物。这个角色是穿着一件黄白相间的衣服的光头，他自认为是“世界上最聪明的罪犯”。他的罪行通常与鸡蛋有关，他使用双关语“egg-zactly”②和“egg-cellent”③，他还用鸡蛋形状

① 煮硬的蛋的意思是铁石心肠的人。

② eeg. exactly，意为确实的。

③ eeg. excellent，意为棒极了。

文森特·普莱斯在20世纪60年代后期的电视节目中扮演蝙蝠侠的怪异敌人之一Egghead。

的东西作为武器，如笑气蛋和催泪蛋（是喂食洋葱的母鸡下的）。

1949年4月，作家兼沃尔特·迪斯尼插画家卡尔·巴克斯，出版了一本冒险故事漫画《迷失安第斯》。在故事中，唐老鸭和他的侄子们去南美寻找产方形蛋的鸡。唐老鸭们在一个偏远的丛林里找到了，并成功带上它们一起逃出丛林。在遭受了一些悲惨的经历后，他们筋疲力尽地回到了鸭堡后只剩下两只鸡（剩下的鸡都被他们吃了）。唐老鸭们最终意识到整个探险是失败的，因为这两只鸡都是雄性的不会下蛋。这部漫画备受欢迎，以至于让一代孩子都问"为什么鸡蛋不是方形的"。

二十世纪七十年代末，方蛋公司首次推出了方形压蛋机，另一家公司斯坎迪克拉夫茨美食国际推出了方蛋机，邀请消费者参与改变鸡蛋形状的活动，这两款设备都引起了不小的轰动。把一个煮熟的热鸡蛋放在装置里，把盖子拧好，鸡蛋就会变成方形。日本福山的中川昭一西，1976 年申请了用煮蛋器改变鸡蛋形状的专利。他的目的是创造出装饰性的煮鸡蛋。他写道，用刀切割改变形状是非常麻烦和耗时的，他的发明的真正意义在于提供一种将整个煮鸡蛋变成美观方形的方法和装置。

蛋可能不是方的，但在 1989 年的两个广告中，“世界上最好的方形美餐？”和“尝试一种蛋试验”[印度孟买的国家鸡蛋协调委员会（National Egg Coordination Committe，NEC）发起的活动]获得了孟买广告俱乐部的年度广告活动奖。

由爱丁顿方蛋机生产的一种方蛋。

还有一些以鸡蛋为特色的棋类游戏，包括下鸡蛋、鸡蛋象棋、开心鸡蛋、别打碎鸡蛋、鸡蛋掉落挑战等。最近，鸡蛋被引入软件领域，程序员为他们的个人娱乐创造的隐藏特征或新颖性的程序——隐藏列表、隐藏命令、笑话和滑稽的开发者动画——被称为复活节彩蛋。

接下来是未来的概念车 Eggy。它是由艾伦·杰勒德弗里亚斯 Alan Gerardo Frias 公司设计的，尾部的设计融合鸡蛋中较窄一端的形状，外形极为优雅且环保。除此之外，Eggy 使用由铝制材料制成的轻量化框架，并且几乎不排放二氧化碳。重量减轻后的概念车燃油效率提高，还配备了可充电的锂离子电池，以及一个红色的 LED 尾灯和深颜色的挡风玻璃，这给了驾驶者一种特殊的体验。

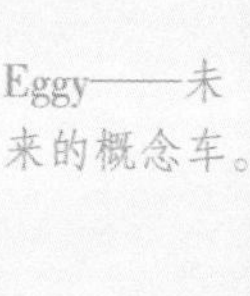
Eggy——未来的概念车。

音乐爱好者可能更喜欢吃“音乐鸡蛋”。在香港新界的中兴音乐农场，鸡可以聆听古典、爵士、说唱和粤语流行音乐。这些蛋的标签上印有蓝色的高音符号，中间的卷起的部分形似公鸡的头。据农民方志雄说，这些幸运的鸡从孵化的那天开始便听着“适龄”音乐。约 15 日龄时听爱情歌曲，16~30 日龄时听快节奏的迪斯科。30 日龄后，音乐就会更加多变。到了 20 周龄，鸡在早上 10 点到 12 点享受音乐，打个盹，然后在下午 4 点到 6 点继续享受音乐。这位农民认为，音乐可以减轻鸡的压力，使它们更快乐，从而生产更大的蛋黄和更美味的鸡蛋。他说，自从他在 2006 年开始音乐饲养以来，他的鸡的死亡率已经下降了 50%。每天生产 500~600 个音乐鸡蛋，每只零售价格为 42 港币。

食 谱

奶酪烤饼

——菜谱来源于《老加图的农业志》，由《经典菜谱》再版，作者 Andrew Dalby 和 Sally Grainger（1996）

奶酪烤饼（libum）是古罗马早期用于祭祀的奶酪蛋糕。以下食谱由罗马执政官马尔库斯·波尔基乌斯·加图（又称老加图，与其曾孙小加图区别）创作，记载于其编著的农业志中，书中包含一些简单的农家食谱。奶酪烤饼有时要趁热食用。

奶酪烤饼做法如下：将 2 磅奶酪在研钵中打匀；随后加入 1 磅高筋粉（如果你想让颜色浅一点只需要半磅就够了），再与奶酪混合。混合后加入一个鸡蛋，混匀。把面团揉成长条状，下面铺上叶子（通常是月桂叶），再放入烤箱中慢慢烘烤即可。

蛋奶沙司（卡士达）

——菜谱来源于《一本适合烹饪的新菜谱》（伦敦，1545）

蛋奶沙司制作方法如下：盛装蛋奶沙司的模具必须先在烤箱中烤硬，然后取四分之一的奶油，五或六个鸡蛋黄，混匀后再加入奶油、糖、小葡萄干、枣片。混合后加入模具中，再加黄油或者骨髓油。如果在食鱼日就只加黄油。

鸡蛋派或鸡蛋百果派

——菜谱来源于《完美女性对于防护、理疗、美容和烹饪的喜爱》（伦敦，1675）

将 24 个鸡蛋的蛋黄煮熟切碎，取等量的牛油，半磅苹果，一磅洗净沥干的无核小葡萄干，半磅糖，一钱香料，一些葛缕子，一点撕碎的橙皮，一点酸葡萄汁和玫瑰香精，装入模具低温烘烤。

华盛顿黄油蛋（*Buttered Eggs à la Martha Washington*）

2 条鳀鱼

6 个鸡蛋

120 毫升（$\frac{1}{2}$ 量杯）羊肉汁

$\frac{1}{4}$ 茶匙盐

现磨黑胡椒

1 大汤匙黄油

磨碎的肉豆蔻

用叉子捣碎鳀鱼，加入肉汁。再用银叉轻轻打蛋，加入羊肉汁、盐和胡椒粉。将黄油在平底锅中熔化，加入鸡蛋，慢火炒制。最后盛在加热过的盘子上，在顶部加一些碾碎的肉豆蔻。

罗斯柴尔德舒芙蕾
（*Soufflé à la Rothschild*）

——玛丽－安东尼·盖马

这一菜谱是 1829 年为法国最富有的家族——罗斯柴尔德家族的詹姆斯·罗斯柴尔德和贝蒂·罗斯柴尔德发明的。格但斯克金箔酒（Danziger Goldwasser）是一种含有金箔悬浮颗粒的白酒。

罗斯柴尔德舒芙蕾做法如下：用 7 汤匙格但斯克金箔酒浸泡 5 盎司水果。再将 7 盎司碎糖和四个蛋黄搅拌均匀，加入 3 盎司面粉和 2 杯沸腾的牛奶。加热混合物，在将沸时停火。加入两个全蛋、水果和酒。最后加入打发的 6 个鸡蛋的蛋清。将混合物盛于舒芙蕾专用盘中或烘烤纸上（如果你想烤得更脆一些）烘烤 25 分钟。上菜前 5 分钟撒上糖粉。

天使蛋糕

——食谱来源于俄亥俄州玛丽诺教堂第一长老会妇女援助协会 Florence Eckhart（1897）

材料：10个鸡蛋的蛋清，一杯半白砂糖，一杯面粉；一汤匙塔塔酱，一撮盐。操作步骤：面粉过两次筛；放一半鸡蛋清和一半糖，搅拌至有光泽；加入另一半鸡蛋清和剩余的糖。再搅拌；加入面粉和塔塔酱轻轻搅拌；用杏仁调味后在烤箱中慢烤一小时。

醇厚蛋糕

——食谱来源于美国第一本烹饪书阿米莉亚·西蒙斯的《美国烹饪》(1796)

将2磅黄油揉入5磅面粉中，加入15个鸡蛋（不用打得很匀）、1品脱酵头（啤酒花和啤酒糟或苹果酒糟的混合物，是美国专有名词，英国称为“麦酒酵母”）、1品脱葡萄酒。

把面揉得像饼干一样硬实，盖好后过夜。在2.5磅重的葡萄干中加入一杯白兰地，浸泡过夜，如果是新鲜的葡萄干就浸泡半小时，再加入一杯玫瑰香精和2.5磅方糖，1盎司肉桂。将醒好的面与葡萄干混合均匀后烘焙成蛋糕。

制作炒鸡蛋
(*Preparation des Oeufs Brouilles*)

——食谱来源于《埃科菲食谱》，一本美国版厨艺指导书（1941）

1 盎司黄油于厚底锅中稍加热，打 6 个鸡蛋倒入锅中，同时加入一大撮盐和一点胡椒。将火调至中火，用木勺不断搅拌锅，注意避免火太大导致鸡蛋结块。

当鸡蛋稠度适中，依然保持光滑和奶油状时关火，最后加入 1.5 盎司黄油（分成小份）和 3 汤匙奶油。除此之外，仅在必要时搅拌鸡蛋。

巧克力舒芙蕾 / 慕斯蛋糕

——菜谱由芝加哥 Ina 餐馆“早餐女王”Ina Pinkney 惠赠

蛋糕胚

9 个大鸡蛋

1 杯（200 克）糖霜

$\frac{1}{2}$ 杯（50 克）不含糖的可可粉

1 茶匙香草

$\frac{1}{2}$ 茶匙塔塔酱

将烤箱预热至 175℃（350° F）。在烤盘上放一个 9 英寸

（23 厘米）的蛋糕模具，底下垫烘焙纸。

将蛋黄、糖霜和可可粉在碗中混合。打发混合物，直到表面发亮，加入香草后放在一边。

在干净的碗中用干净的打蛋器打蛋清至起泡，然后加入塔塔酱，同时提高搅拌速度，直到蛋清变得厚实和光滑。（为了检验是否打发，可将碗倾斜，若蛋清还能流动则说明尚未打发。）向巧克力混合物中加入一大勺蛋清，使其变亮，轻轻搅拌，使蛋清和巧克力充分混匀。

将蛋糕糊小心倒入垫有烘焙纸的模具中。在 175 ℃（350° F）下烘焙 35~40 分钟。

将蛋糕从烤箱中取出时，它是圆形的。当蛋糕冷却后中心会下沉，将蛋糕放在架子上冷却。

当蛋糕完全冷却后，用金属刮刀从模具边小心分离蛋糕，将蛋糕从模具中取出。

夹心

4 杯（1 升）冰的鲜奶油

$\frac{1}{2}$ 杯（100 克）糖霜

$\frac{1}{4}$ 杯（25 克）不含糖的可可粉

将碗和搅拌器冷却。

缓慢将所有食材混匀。将碗边粘的混合物刮净后提高搅拌速度。再刮一次碗边保证所有的食材都充分混匀。提高搅拌速度，搅拌至搅拌器能在鲜奶油上打出痕迹为止。

将蛋糕顶部和侧面涂满奶油，并用巧克力屑装饰。

以上食材可制作 10 个蛋糕。

蛋黄酱

——经许可，菜谱引自克利福德·赖特

www.cliffordawright.com

170 毫升（$\frac{3}{4}$ 杯）特级初榨橄榄油

170 毫升（$\frac{3}{4}$ 杯）植物油

1 个大鸡蛋

1 茶匙鲜榨柠檬汁或高品质的白葡萄酒醋

$\frac{1}{2}$ 茶匙精盐

$\frac{1}{2}$ 茶匙白胡椒粉

将油混合在一起。将鸡蛋放入料理机中加工 30 秒。在料理机运转时缓慢倒入油使之呈细流样，用 6 分钟左右把油倒完。加入柠檬汁或白葡萄酒醋再混匀 30 秒后加入盐和胡椒粉继续混匀 30 秒。使用前冷藏 1 小时。

以上食材可制作 2 杯（500 毫升）蛋黄酱。

磅　饼

450 克（2 杯）黄油

450 克（2 杯）糖

10 个鸡蛋，蛋黄蛋清分开

450 克（$4\frac{1}{2}$ 杯）过筛的面粉

1 茶匙发酵粉

杏仁粉，香草或者其他香料

将烤箱预热至 160℃（325°F）。一边逐渐加糖一边将黄油搅打成奶油状，打至颜色变浅且蓬松。搅打蛋黄，直到蛋黄浓稠并呈现柠檬色。将蛋黄加至黄油和糖的混合物中，用力搅打至颜色变浅且蓬松。将面粉和发酵粉混合过筛，然后与硬打好的蛋清交替加入，每次加入后搅拌至非常光滑且颜色光亮。接着添加准备好的香料。分装入两个涂黄油和面粉的 20 厘米 ×20 厘米 ×8 厘米（8 英寸 ×8 英寸 ×3 英寸）面包盘，并在烤箱中烘烤 $1\frac{1}{2}$ 到 $1\frac{3}{4}$ 小时。

乡村蛋饼（*Omelette Paysanne*）

《纽约时报·60 分钟美食大厨》的厨师 *Pierre Franey* 解释到：在法国，蛋饼有两种制作方法——一种是卷成椭圆形的法式蛋饼，另一种是扁平的西（班牙）式蛋饼。

350 克（大约 $\frac{3}{4}$ 磅）土豆

3 大勺花生油、菜籽油或玉米油

用于调味的盐和现磨的胡椒粉

$\frac{1}{2}$ 杯（80 克）薄洋葱片

300 克（10 盎司）熟火腿，切成 1 厘米（$\frac{1}{2}$ 英寸）厚片

4 茶匙黄油

10 个鸡蛋

1 汤匙切碎的香芹

1 茶匙切碎的龙蒿

2 茶匙切碎的香葱

将土豆剥皮并尽可能切成薄片。将土豆片放入冷水中以防变色。沥水并拍干土豆片。煎锅倒油加热。锅热时，加入土豆，注意不要弄坏土豆片。撒上盐和胡椒后继续煎，确保土豆不粘锅。大约 10 分钟后，土豆片变为棕色，加入洋葱，继续烹饪约 1 分钟。加入火腿并点 3 茶匙黄油，晃动煎锅，轻轻翻转食材，使其受热均匀。

用电动打蛋器打蛋，加入盐、胡椒和香草碎。将鸡蛋倒在火腿和马铃薯混合物上。从底部轻轻搅拌混合物，使蛋液流入底部，进行高温烹饪。掀起煎蛋饼的边缘，让剩下的黄油流到蛋饼下方，晃动煎锅以确保煎蛋饼没有粘锅。在煎锅上放一只大盘子，快速翻转煎锅，使煎蛋饼落入盘中。这款煎蛋饼最适合趁热吃，当然，它放凉以后吃也很美味。

以上食材为 4 份用量。

魔鬼蛋

这是魔鬼蛋的一个经典做法，简单却不寻常。将 12 个全熟的鸡蛋纵向或横向切成两半，挖出蛋黄并用叉子捣碎。加入 120 毫升（$\frac{1}{2}$ 杯）蛋黄酱，2 茶匙黄芥末，大蒜粉，洋葱和 / 或胡葱调味，胡椒粉，少许醋和糖。将可涂抹的混合物舀回蛋白中，撒上辣椒粉。

如果喜欢体验其他味道，可以将以下任何一种食材切碎混入馅料中：培根，奶酪，咸牛肉，黄瓜，孜然，莳萝或龙蒿，煮熟的龙虾，花生，腌菜，松子，萝卜，豆瓣菜，烧烤酱，蓝纹奶酪，墨西哥辣椒，咖喱粉，奶油奶酪，酸奶油，法式酸奶油，鲣鱼片，法式洋葱蘸料，鳄梨酱，胡姆斯酱，柠檬或酸橙皮，青酱，萨尔萨辣酱，松露油，芥末或伍斯特沙司或塔巴斯科酱。配菜有：虾，苜蓿或萝卜芽，凤尾鱼，刺山柑，鱼子酱，酸黄瓜，意大利腌菜，嫩青，紫菜，橄榄，烟熏三文鱼，熏辣椒粉，松露，或中东香料 Za’atar 或 sumac。

德国大杂烩（*Hoppelpoppel*）

大杂烩是德国柏林的特产，是用剩菜做早餐的一种极好的方法。这道菜中将培根（或其他肉）切成块，然后与鸡蛋、土豆、洋葱和调味料一起搅拌。这是一道制作方便且美味的菜。

根据柏林的 Jillian-Beth Stamos-Kaschke 的说法，“hoppelpoppel”这个词取自一首早年间名为“Pottkieker”（偷看做饭的小孩）的儿童诗歌。这首诗是这样说的：Mutti，Mutti，was ist denn da drin（妈咪，妈咪，锅里有什么？）母亲很不耐烦地回答：“Hoppel，Poppel，Appelreis, mach’ dich fort, Naseweis”（都是一些剩菜剩饭，现在别烦我了，你这个爱管闲事的小孩）。Hoppel Poppel 也是一种蛋酒，用于缓解喉咙痛。

4 个蛋黄

120 毫升（$\frac{1}{2}$ 杯）蜂蜜

100 克（$3\frac{1}{2}$盎司）糖

1 茶匙香草

700 毫升（3 杯）热牛奶

240 毫升（1 杯）淡（单倍）奶油

240 毫升（1 杯）白兰地

肉桂或肉豆蔻，用于撒粉

如果需要，可以准备涂抹黄油

将蜂蜜和糖打入蛋黄中，使其变甜。加入香草，慢慢倒入混有奶油的热牛奶。再加入白兰地。在炉子上彻底加热后，倒入预热的杯子中。撒上肉桂或肉豆蔻粉，并根据需要涂抹一定量的黄油。

以上食材为 6 份用量。

妈妈玛丽的土豆沙拉

3 个白土豆

4 个鸡蛋

1 个小洋葱

1 茶匙盐

$\frac{1}{2}$瓶奇妙酱或 425 克亨氏沙拉奶油

1 茶匙芥末

1 茶匙腌菜

115 克（4 盎司）鲜奶油

将带皮的土豆小火炖煮至熟烂，同时将鸡蛋煮至过熟，将两者冷却。将土豆去皮并切成小块。洋葱去皮后也切成小块，然后与土豆混合。把鸡蛋切成块，加入土豆和洋葱混合物中。加盐。在另一个碗里，用奇妙酱、芥末、腌菜和奶油做调料，将调料包入马铃薯混合物中。食用前冷藏 1 小时。

马歇尔菲尔德的醇厚烤饼配方

在世纪之交，伊利诺伊州芝加哥市的马歇尔菲尔德百货公司会在客户购物或与朋友见面后为他们提供茶水放松。1986 年，马歇尔菲尔德传统的三点钟茶点效仿著名的伦敦凯悦卡尔顿酒店下午茶。糕点和烤饼是在凯悦卡尔顿大厦著名的厨师 Robert Mey 的指导下制作的。

225 克（8 盎司）纯面粉

15 克（$\frac{1}{2}$ 盎司）发酵粉

60 克（2 盎司）黄油

1 个鸡蛋

120 毫升（4 盎司）牛奶

60 克（2 盎司）砂糖

60 克（2 盎司）白葡萄干或红葡萄干

将烤箱预热至 230℃（450° F）。将面粉和发酵粉一起过筛。放入切块的黄油。加入鸡蛋和牛奶，一次性和成柔软的面团。混入糖和水果，并将面团揉成 1 厘米（$\frac{1}{2}$ 英寸）粗的柱形，并切成圆片。放置在涂有烘焙油的烤盘上，刷上打好的蛋液或牛奶烘烤 15 分钟。再次冷却，配上黄油、奶油和果酱即可食用。

华夫饼

1912 年，朱丽叶 · 戈登 · 洛创立了美国女童子军。这是她用她的电动华夫饼锅做华夫饼的秘方。这个食谱由她的侄女——第一位注册女童子军戴西 · 戈登 · 劳伦斯提供。

2 杯（250 克）面粉

1 茶匙糖

1 茶匙盐

480 毫升（1 品脱）牛奶

60 毫升（$\frac{1}{2}$ 杯）色拉油

3 个鸡蛋

3 满茶匙发酵粉

将面粉、糖和盐一起过筛，加入牛奶并打至光滑。加入色拉油和打好的鸡蛋。最后，加入发酵粉。在预热好的华夫饼模具上刷上熔化的黄油。将混合物倒入热华夫饼模具中。待华夫饼两侧变为金黄色时取出，趁热吃。

以上食材可制作 8 个华夫饼。

雀巢原味曲奇饼

270 克（2$\frac{1}{4}$ 杯）中筋面粉

1 茶匙烘焙苏打

1 茶匙盐

225 克（1 杯）黄油，软化状

50 克（$\frac{1}{4}$杯）糖

45 g（$\frac{1}{4}$杯）硬包装红糖

1 茶匙香草精

2 个鸡蛋

112 盎司（340 克）雀巢 Toll House 半糖巧克力屑，

或其他巧克力碎

120 克（4$\frac{1}{4}$盎司）1 杯碎坚果

将烤箱预热至 190℃（375°F）。将面粉、烘焙苏打和盐在一个小碗中混合，并放在一边。在一个大碗里加入黄油、糖和香草精，搅打至奶油状。打入鸡蛋，逐渐添加面粉混合物。搅入雀巢 Toll House 半糖巧克力屑和坚果后一大汤匙一大汤匙地将混合物倒入无油烤盘中。烘烤 9~11 分钟。

以上食材可制作 60 块 6$\frac{3}{4}$厘米（2$\frac{1}{4}$英寸）的曲奇饼。

热气腾腾的蔬菜舒芙蕾

——食谱来源于芝加哥文化部的烹饪艺术和活动负责人

Judith Dunbar Hines

舒芙蕾（*Soufflé*）是一个法语单词，意思是“膨胀”。逐个加入鸡蛋使空气被裹挟入内而膨胀。大多数家庭厨师不敢制作舒芙蕾。如果晚宴上厨师打开烤箱时，只发现扁平的摊鸡蛋，该有多么尴尬。专业厨师希望延续只有他们才能制作舒芙蕾的神话，但事实上成功制作出舒芙蕾有一些技巧。

使用较不新鲜的鸡蛋，它们比新鲜的鸡蛋打发得更高。

为了使各种原料混匀，每次只在较重的原料中加入三分之一较轻的原料；用勺子从碗边缘穿过中央轻轻翻拌食材。不要多次打开烤箱门，且打开时要迅速。最重要的是，如果面糊（黄油和面粉的混合物）被烹调至恰当火候，舒芙蕾才会完美——焙烤至闻起来有灼烧的谷物气味最佳。

1 杯煮熟的蔬菜（西兰花，西葫芦，芦笋，胡萝卜，
西红柿，生菜，番茄[①]或花椰菜）

3 汤匙黄油

4 汤匙面粉

240 毫升（1 杯）牛奶

6 个蛋黄

盐和胡椒

肉豆蔻

8 个蛋清

$\frac{1}{8}$ 茶匙塔塔粉

$\frac{3}{4}$ 杯（90 克）瑞士奶酪

$\frac{1}{4}$ 杯（30 克）帕尔马干酪

将烤箱预热至 200℃（约 400°F）。在舒芙蕾烤盘上涂黄油并撒上帕尔马干酪。制作一个铝箔套，使其高度为烤盘高的一半，将其包裹在外面并用绳子捆绑。

煮熟你选用的蔬菜后沥干，切成小块。小火熔化黄油，搅入面粉并加热至它开始闻起来像灼烧或烘烤的谷物。加入牛奶，边中火加热边搅拌至浓厚糊状后冷却。之后每次加入

① 原文如此。

一个蛋黄并搅打。加入蔬菜、奶酪、调料和肉豆蔻。蛋清加入塔塔粉打至硬性发泡。

分两次将蔬菜混合物倒入蛋清中——它们不需要完全混合。将混合物倒入预先准备的舒芙蕾烤盘中，在顶部撒上奶酪。放入烤箱，立即降温至 190℃（375°F）。烘烤 25 分钟。旁边洒上法式奶酪酱汁（茅内沙司）立刻出餐。

茅内沙司

1 汤匙黄油

1 汤匙面粉

240 毫升（1 杯）牛奶

3 汤匙磨碎的瑞士奶酪

1 汤匙帕尔马干酪

1 茶匙第戎风格的芥末

1 汤匙切碎的番茄，选择性添加

按照上面的配方制作酱汁，在酱汁变稠后加入奶酪和芥末酱（为了让颜色更好看，可以加一汤匙切碎的番茄）。

以上食材可制作 6~8 块舒芙蕾。

焦糖布蕾（*Crème Brûlée*）

——食谱改自 *Saveur* 杂志 148 期

1 升（2 品脱）多脂（膏状）奶油

1 个香草豆，纵向切半，刮下香草籽留下备用

150 克（$\frac{3}{4}$ 杯）糖

8 个蛋黄

德麦拉拉蔗糖或托比那多糖，出餐时用

将烤箱预热至 150℃（300°F）。将奶油和香草豆、香草籽放入 2 升（4 品脱）的炖锅中，用中高火煨炖。离火并放置 30 分钟；撇去香草豆。在碗里搅拌糖和蛋黄直到混合物变得光滑。慢慢倒入奶油混合物，搅拌直至光滑，再放在一边。

将厨房纸放在 25 厘米 ×35 厘米（9 英寸 ×13 英寸）的烤盘底部，并将 6 个 170 克（6 盎司）的小蛋糕模子放入烤盘内。将蛋奶糊分成几部分放入小蛋糕模子中。将沸腾的水倒入烤盘中，水没过小蛋糕模子一半。烘焙至蛋奶糊凝固，但蛋糕中心仍然稍微松散，大约需 35 分钟。将模子转移到铁架上冷却。冷却直到变硬需要至少四个小时。

用厨房纸快速轻轻擦掉蛋糕表面的所有水珠。在每个奶油蛋糕表面均匀地撒上德麦拉拉蔗糖。用火焰喷灯在每个蛋糕表面上来回喷火焰，直到糖焦糖化；静置片刻至糖变硬。

以上食材可制作 6 个布蕾。

朱莉娅 · 赛尔德的荷兰蛋黄酱

这款经典的菜谱改自电视系列节目

“Julia 和 Jacques 的家庭烹饪”

3 个蛋黄

1 汤匙水

1 汤匙鲜柠檬汁，备用（可以更多）

170~225 克（6~8 盎司）非常柔软的无盐黄油

盐，调味用

现磨白胡椒粉，调味用

几个红辣椒

在炖锅中加入蛋黄、水和柠檬汁搅拌片刻，直到混合物变得浓稠且颜色偏白（这为后续步骤做好准备）。中小火加热并保持适当速率搅拌，使底部和内部的混合物都得到搅拌，以防局部的蛋液过熟。为了控制加热情况，不时地将锅从炉子上移开几秒钟，然后放回去。（如果发现鸡蛋熟得太快，可把平底锅放在一碗冷水中冷却底部，再继续加热。）

烹饪时，鸡蛋会起泡并膨胀，然后变稠。当你可以通过搅拌纹路看见锅底，蛋液变得浓稠光滑时，将锅离火。一勺一勺加入柔软的黄油，不断搅拌，保证所有食材搅拌充分。当混合物呈现乳状时，你可以略微加大每次的黄油添加量，不断搅拌至完全融合。继续加入黄油，直至酱汁达到想要的浓稠度。用盐、胡椒粉和少许辣椒调味，适当搅拌。边品尝边调味，按需加入柠檬汁。微微温热时食用。

以上食材可做 1.5 杯（350 毫升）。

鸡蛋柠檬汤（*Avgolemono*）

$1\frac{1}{2}$ 升（2 品脱）鸡汤

$1\frac{1}{2}$ 杯（310 克）米粒意面

1 个鸡蛋

3 个蛋黄

两个或更多柠檬榨汁

盐和胡椒，调味用

用炖锅加热鸡汤，加入米粒意面，盖上盖子并煨20分钟。

一边慢慢加入柠檬汁一边搅打整蛋和蛋黄直至颜色变浅。取450毫升（1品脱）热鸡汤，并一汤匙一汤匙地加入鸡蛋混合物中，不断搅打以防止结块。将此混合物加入剩余的带有米粒意面的热鸡汤中，最后加入盐和胡椒调味即可。第一时间出餐食用。

以上食材可以制作出6份成品。

法式马卡龙

——食谱由拉斯维加斯一所糕点学校的校长、
大厨克里斯·汉默惠赠。2004年克里斯成为
美国最年轻的“世界糕点冠军”。

300克（10盎司）杏仁粉
300克（10盎司）糖霜
食用色素
110克（4盎司）蛋清
300克（10盎司）砂糖
75毫升水
110克（4盎司）蛋清

将烤箱预热至150℃（300°F）。将杏仁粉和糖粉一起过筛。在一半蛋清中加入色素并搅拌。将它们倒在糖粉和杏仁粉的混合物上，搅拌成糊状。

煮水锅里放入水和砂糖并加热至118℃（245°F）。当糖

浆温度达到 115℃（240°F）时，将另一半蛋清中速搅打至湿性发泡。当糖浆温度达到 118℃（245°F）时，倒入蛋清中。搅拌直到糖霜冷却至 50℃（122°F），然后将其放入杏仁糖混合物中。将蛋糊舀入带有无花纹裱花嘴的裱花袋中，在硅胶烤垫上挤出硬币大小的圆点。在铺着厨房布的工作台上轻敲托盘。放置至少 30 分钟，直到表面形成结皮。烘烤 10~12 分钟。

法式奶油霜

450 克（15 盎司）砂糖

130 克（$4\frac{1}{2}$ 盎司）葡萄糖

85 毫升水

130 克全蛋

77 克蛋黄

770 克（25 盎司）软化无盐黄油

将砂糖、葡萄糖和水一起煮至 118℃（245°F）。在装有搅拌器的台式搅拌机中，将全蛋和蛋黄混合并搅拌至颜色变浅。慢慢将热糖浆倒入蛋液中，待蛋液冷却后一点一点加入软化的黄油。黄油全部混入后，按照喜好调味或着色。

参考文献

引言：谨小慎微

［1］Martin Yan, *Martin Yan's Culinary Journey through China* (San Francisco, CA, 1995), p. 58.

［2］Harold McGee, *On Food and Cooking* (New York, 2004), pp. 84-117.

［3］Select Committee on Nutrition and Human Needs, U.S. Senate, 'Dietary Goals for the United States' (Washington, DC, 1977).

［4］Public Law 101-445, Title III, 7 usc 5301 et seq.

［5］USDA, 'Dairy and Egg Products', www.ars.usda.gov / nutrientdata, accessed 29 August 2013.

［6］American Egg Board, *The Incredible Edible Egg: Eggcyclopedia* (Park Ridge, II , 1999).

［7］'Medicine: The Egg and He', *Time* (May 1946).

1　有什么比鸡蛋还完美?

［1］Urbain de Vandenesse, 'Egg White', *The Encyclopedia of Diderot et d'Alembert*, Collaborative Translation Project, trans. A. Wendler Uhteg, University of Michigan Library (Ann Arbor, MI, 2011). Originally published as 'Blanc d'oeuf', *Encyclopédie ou Dictionnaire raisonné des sciences, desarts et des metiers* (Paris, 1752), vol. II, p. 272.

[2] Ibid.

[3] John Ayto, *An A–Z of Food and Drink* (Oxford and New York, 2002), p. 117.

[4] Isabella Beeton, *Mrs Beeton's Book of Household Management*, 3rd edn (New York, 1977), p. 823.

[5] Dal Stivens, *The Incredible Egg: A Billion Year Journey* (New York, 1974),p.318.

[6] Gareth Huw Davies, 'The Life of Birds: Parenthood', www.pbs.org/lifeofbirds, accessed 28 August 2013.

[7] Ian Phillips, 'The Man Who Unboiled an Egg', *The Observer* (19 February 2010).

[8] Kent Steinriede, 'Food, With a Side of Science', *Scientist Magazine*, Ontario (July 2012).

[9] Philip Dowell and Adrian Bailey, *Cooks' Ingredients* (New York, 1980), p. 236.

2 鸡蛋的历史

[1] Kenneth F. Kiple and Kreimhild C. Ormelas, *Cambridge World History of Food* (Cambridge, 2000), vol. 1, p. 499.

[2] Joe G. Berry, 'Artificial Incubation', www.thepoultrysite.

com, 15 April 2009.

[3] Maguelonne Toussaint-Samat, *History of Food*, trans. Anthea Bell (New York, 1992), p. 356.

[4] H. Thurston, ‘Lent In’, The *Catholic Encyclopedia* (New York, 1910), www.newadvent.org.

[5] D. Allen, *Irish Traditional Cooking, ed.* K. Cathie (London,1988), p.118.

[6] Mairtin Mac Con Iomaire and Andrea Cully, ‘The History of Eggs in Irish Cuisine and Culture’, in *Proceedings of the Oxford Symposium on Food and Cookery 2006*, ed. Richard Hosking (London, 2007), pp. 137–147.

[7] Naomichi Ishige, ‘Eggs and the Japanese’, in *Proceedings of the Oxford Symposium on Food and Cookery 2006*, ed. Hosking, p. 104.

[8] Charles Perry, ‘Moorish Ovomania’, in *Proceedings of the Oxford Symposium on Food and Cookery 2006*, ed. Hosking, pp. 100–106.

[9] Clifford A. Wright, *A Mediterranean Feast* (New York, 1999), p. 136.

[10] Ken Albala, ‘Ovophilia in Renaissance Cuisine’, in *Proceedings of the Oxford Symposium on Food and Cookery 2006*, ed. Hosking, pp. 11–19.

[11] Reay Tannahill, *Food in History* (New York, 1973), pp. 82, 83, 93, 94, 113, 174, 175, 283.

[12] Ibid.

[13] G. Gershenson, ‘Crème de la Crème’, *Saveur*; CXLVIII

(2012), p. 46.

[14] Ian Kelley, *Cooking for Kings: The Life of Antonin Careme, the First Celebrity Chef* (New York, 2003).

3 无蛋不成佳肴

[1] Global Industry Analysts Inc., ‘Eggs: A Global Strategic Business Report’ (San José, ca, 2010).

[2] Karen I lursh Graber, ‘Eggs: A Mexican Staple from Soup to Dessert’ (2008), at www.mexconnect.com.

4 美式烹饪中的鸡蛋

[1] Marie Kimball, *The Martha Washington Cook Book* (New York, 1940), pp. 43–44.

[2] Florence Eckhart, ‘Recipes Tried and True’, Ladies’ Aid Society of the First Presbyterian Church of Marion, Ohio (1897), Project Gutenberg, www.gutenberg.net.

[3] Yvan D. Lemoine, *Food Fest 365*! (Avon, ma, 2010), p. 293.

[4] Noel Rae, ed., *Witnessing America: The Library of Congress Book of Firsthand Accounts of Life in America*, 1600—1900 (New York, 1996), pp. 274, 292, 293, 294, 295.

[5] Parmy Olson, ‘Fabergé Egg Goes Back to Its Nest’, *Forbes* (November 2007).

5 小心轻放（运输鸡蛋的时候）

[1] Andrew F. Smith, ed., *The Oxford Encyclopedia of Food and Drink in America* (New York, 2004), vol. 1, pp. 425–428.

[2] Ibid.

[3] Jessie M. Laurie, *A War Cookery Book for the Sick and Wounded:Compiled from the Cookery Books by Mrs. Edwards, Miss May Little, etc., etc*. (London, 1914), pp. 16–18, http: //digital.library.wisc.edu.

[4] Kimberly L. Stewart, *Eating Between the Lines* (New York, 2007), pp. 73-94.

[5] Ibid.

6 先有鸡还是先有蛋?

[1] Harold McGee, *On Food and Cooking* (New York, 2004), pp. 69-70.

[2] Venetia Newall, *An Egg at Easter: A Folklore Study* (Bloomington, in, 1971).

[3] Sherwood Anderson, *Triumph of the Egg: A Book of Impressions from American Life in Tales and Poems* (New York, 1921).

7 从一枚鸡蛋孵化世界

[1] Anna Barrows, *Eggs: Facts and Fancies About Them*

(Boston, ma, 1890).

[2] The Art of the Egg', at http://madsilence.wordpress.com (2007).

[3] Ben Macintyre,‘Gory Reality Behind Nursery Rhymes’, *The Times*, London(30 August 2008).

推荐阅读书目

Andrews, Tamra, *Nectar and Ambrosia: An Encyclopedia of Food in World Mythology* (Santa Barbara, ca, 2000)

Derbyshire, David, 'Poisoned Food in Shops for Three Weeks: Supermarkets Clear Shelves of Cakes and Quiches Containing Contaminated Eggs from Germany', *Daily Mail* (8 January 2011)

Dias, Elizabeth, 'A Brief History of Eggnog', *Time* (21 December 2011)

Flandrin, Jean-Louis, and Massimo Montanari, eds, *Food: A Culinary History*, trans. Albert Sonnenfield (New York, 1999)

Leake, Christopher, 'EU to Ban Selling Eggs by the Dozen: Shopkeepers' Fury as They are Told All Food Must Be Weighed and Sold by the Kilo', *Daily Mail* (15 August 2012)

Levy, Glen, 'Did Lady Gaga Really Stay Inside the Egg for 72 Hours?', *Time* (16 February 2011)

Jull, M. A., 'The Races of Domestic Fowl', *National Geographic* (April 1927)

Katz, Solomon H., and William Ways Weaver, eds, *Encyclopedia of Food and Culture,* vol. 1 (New York, 2003)

Melish, John, *Travels in the United States of America in the Years*

1806 & 1807, and 1809, 1810 <& 1811 (Philadelphia, PA, 1812)

Pinkard, Susan, *A Revolution in Taste: The Rise of French Cuisine*, 1650—1800 (New York, 2009)

Smith, Andrew F., ed., *The Oxford Companion to American Food and Drink* (New York, 2007)

Trager, James, *The Food Chronology* (New York, 1995)

Wilson, Anne, *Food and Drink in Britain: From the Stone Age to the 19th Century* (Chicago, IL, 1991)

Yalung, Brian, 'Eggy Egg-Shaped Concept Car', *TFTS* (4 June 2010)

协会和网址

Associations

American Egg; Board

www.aeb.org

British Egg Products Association

www.bepa.org.uk

Egg Farmers of Canada

http://eggs.ca

Egg Farmers of Ontario

www.eggfarmersofontario.ca

Egg Nutrition Center

www.eggnutritioncenter.org)

International Poultry Council

www.internationalpoultrycouncil.org

Pacific Egg and Poultry Association

www.pacihcegg.org

United Egg Producers

www.unitedegg.org

U.S. Poultry & Egg Association

www. uspoul try.org

Egg Culinary History

Clifford Wright

(Clifford Wright is one of the most knowledgeable food history and culinary experts)

www.cliffordawright.com

Epicurious

www.epicurious. com

History of Eggnog

whatscookingamerica.neteggnog.htm

History of Eggs Benedict

whatscookingamerica.net/history/eggbenedicthistory

History of Sauces

whatscookingamerica.net/history/saucehistory

Uses of Eggs Worldwide

Smithsonian

blogs.smithsonianmag.com/food/ 2010/05 /

around-the-world-in-80-eges

Zester Daily

(American food and wine online magazine)

www.ze terdaily. com

图片致谢

作者和出版者对下列插图提供者和或允许引用者表示感谢。

© The Trustees of the British Museum, London: p.115; Corbis: p.97 (Lucy Nicholson /Reuters); Dreamstime: pp.22 (Vasiliy Vish-nevskiy), 47 (Akinshin), 62 (Tanyae), 106 (Photowitch); Evan-Amos: p.78; A. Gerado: p.121; Ischai: p.42; iStockphoto: pp. 66 (violettenlandungoy), 74 (craftvision), 77 (LeeAnn White), 107 (stirling-photo); Komnualtsa: p.30; Library of Congress, Washing-ton, DC: pp. 93,110; Lusifi: p.113; National Archives, Washington, DC: pp.12, 57; National Gallery of Art, Washington, DC: p.20; National Library of Medicine, Bethseda: p. 8; Isabelle Palatin: p.9; Pengrin: p.102; Raul654: p.29; Rex Features: pp. 79 (Sipa Press), 119 (c/20th Century Fox/Everett); Shutterstock: pp. 6 (Miguel Garcia Saavedra), 11 (Rob Byron), 15 (Sea Wave), 24 (gururugu), 34 (Stubblefield Photography), 39 (margouillat photo), 53 (Lesya Dolyuk), 64 (tommaso lizzui), 65 (Lilyana Vynogradova), 80 top left (Shevchenko Nataliya), 83 (apple2499), 90 top (nikkytok), 100 (KobchaiMa), 103 (jreika); stu_spivack: p.61; Thinkstock: p.90 bottom (iStockphoto); UK College of Agriculture, Food and Envionment: p.86; United States Patent and Trademark Office: p.73; V&A Museum, London: p.52; Walters Art Museum, Baltimore: p.80 bottom centre; The White House: p.III (Pete Souza).

索 引